SCIENCES

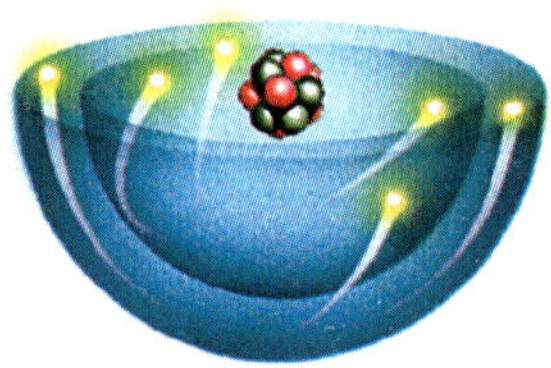

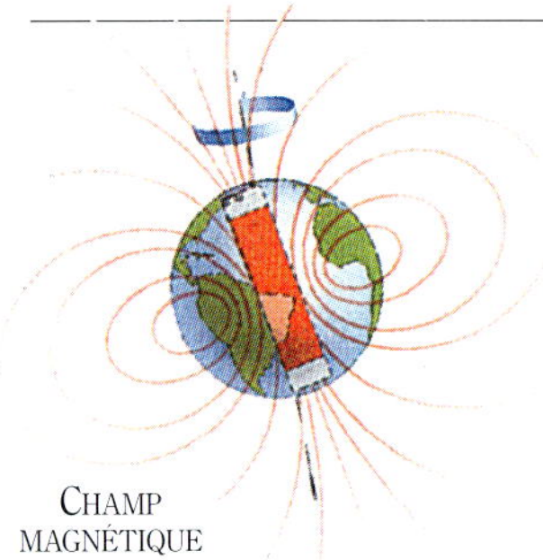

CHAMP MAGNÉTIQUE TERRESTRE

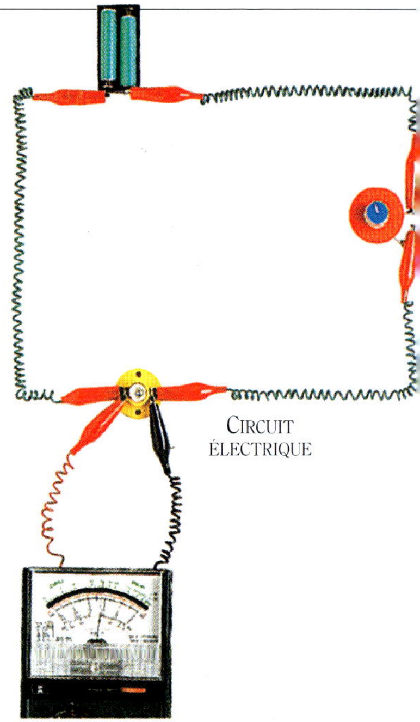

CIRCUIT ÉLECTRIQUE

ÉLECTRICITÉ STATIQUE

CRISTAUX DE SOUFRE

SCIENCES

TEXTE
Steve Setford

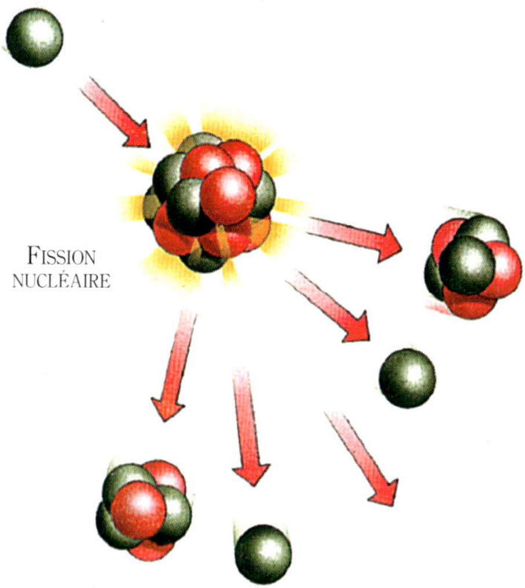

FISSION NUCLÉAIRE

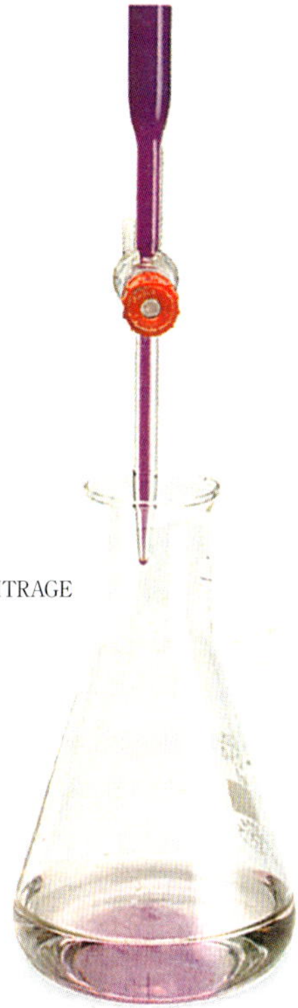

TITRAGE

POCHE **VU** JUNIOR
GALLIMARD JEUNESSE

Pour l'édition originale :
Dorling Kindersley Limited

Pour l'édition française :
Remise en page : Éditions l'Après-Midi
Maquette de couverture :
Raymond Stoffel et Aubin Leray
Responsable éditorial : Thomas Dartige
Édition : Éric Pierrat et Clotilde Oussiali
Photogravure de couverture : IGS

Avertissement à propos des sites Internet

Pour approfondir vos recherches
sur un thème précis ou télécharger des images,
cet ouvrage vous propose, au fil de ses pages, une sélection
d'adresses de sites Internet officiels, conçus par des institutions,
et de pages personnelles, réalisées par des passionnés.
Ces sites ont été soigneusement testés
et sélectionnés pour la qualité documentaire
de leur contenu et leur intérêt pédagogique.

Certains liens peuvent devenir inactifs
de façon provisoire ou définitive.
N'hésitez pas dans ce cas à nous le signaler à
vujunior@gallimard-jeunesse.fr
Nous recommandons aux adultes d'encadrer
les jeunes enfants lorsqu'ils utilisent Internet.
Les éditions Gallimard Jeunesse ne sauraient être tenues
pour responsables du contenu de ces sites.

ISBN 2-07-050006-3

Loi n° 49-956 du 16 juillet 1949
sur les publications destinées à la jeunesse
Dépôt légal : septembre 2004
Numéro d'édition : 2067

Imprimé à Singapour

SOMMAIRE

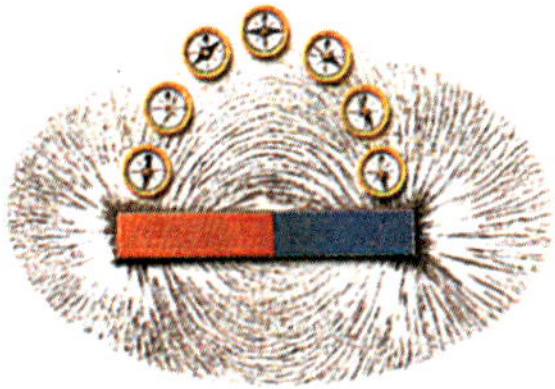

COMMENT UTILISER CE LIVRE

Ce livre est divisé en huit chapitres couvrant chacun un aspect de la physique ou de la chimie. Les informations sont souvent présentées sous forme de schémas et de tableaux. Un glossaire et un index sont placés à la fin de l'ouvrage.

TITRE COURANT

Dans la marge de la page de gauche figure le sujet traité, dans celle de la page de droite,le titre du chapitre. La page ci-contre traite des atomes dans le chapitre "La matière".

CODE COULEUR

Au coin de chaque page, un carré de couleur vous rappelle le thème du chapitre.

- MATIÈRE
- ÉLÉMENTS
- RÉACTIONS CHIMIQUES
- FORCES ET ÉNERGIE
- LUMIÈRE
- SON
- MAGNÉTISME ET ÉLECTRICITÉ
- HISTOIRE DES SCIENCES

Le titre nomme le sujet de la page. Si le sujet se poursuit sur plusieurs pages, le titre apparaît en tête de chacune d'elles.

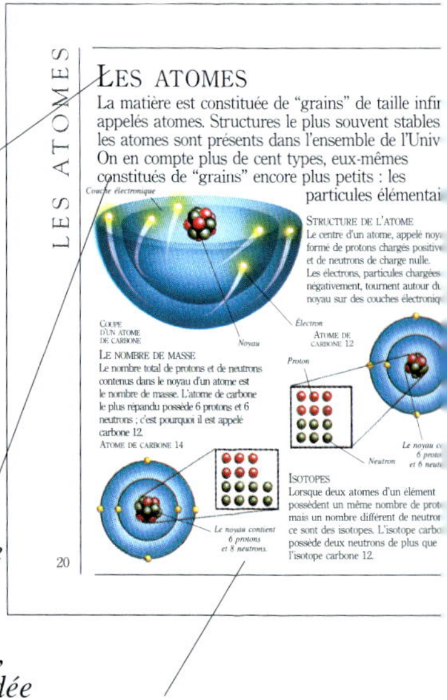
LES ATOMES

LES ATOMES

La matière est constituée de "grains" de taille infi appelés atomes. Structures le plus souvent stables les atomes sont présents dans l'ensemble de l'Univ On en compte plus de cent types, eux-mêmes constitués de "grains" encore plus petits : les particules élémentai

STRUCTURE DE L'ATOME
Le centre d'un atome, appelé noy formé de protons chargés positive et de neutrons de charge nulle. Les électrons, particules chargées négativement, tournent autour du noyau sur des couches électroniq

LE NOMBRE DE MASSE
Le nombre total de protons et de neutrons contenus dans le noyau d'un atome est le nombre de masse. L'atome de carbone le plus répandu possède 6 protons et 6 neutrons ; c'est pourquoi il est appelé carbone 12.

ISOTOPES
Lorsque deux atomes d'un élément possèdent un même nombre de prot mais un nombre différent de neutror ce sont des isotopes. L'isotope carbo possède deux neutrons de plus que l'isotope carbone 12.

20

L'introduction constitue une vue d'ensemble du sujet traité. Après l'avoir lue, vous aurez une idée claire du contenu des pages.

Les légendes en italique soulignent les détails auxquels elles sont reliées par un filet. Elles complètent le texte qui commente chaque illustration.

LE SAVIEZ-VOUS ?
Des petits encadrés jaunes intitulés “Le saviez-vous ?” vous proposent d'un coup d'œil les détails remarquables ou étonnants propres au sujet traité.

LOIS ET PRINCIPES
Les encadrés roses présentent les lois et principes scientifiques relatifs au sujet traité, parfois étayés par des équations ou des formules.

ENCADRÉS
Certains aspects des sujets traités sont mis en valeur par des encadrés : on y trouve des explications détaillées, accompagnées de schémas ou diagrammes.

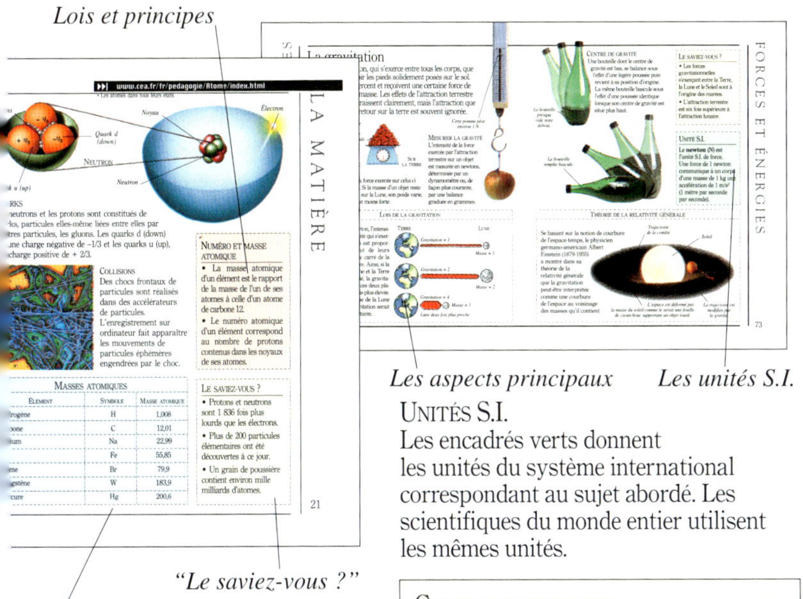

UNITÉS S.I.
Les encadrés verts donnent les unités du système international correspondant au sujet abordé. Les scientifiques du monde entier utilisent les mêmes unités.

TABLEAUX
Dans les tableaux en bleu, des formules et des définitions simples (souvent accompagnées des équivalents anglo-saxons) complètent et clarifient les informations.

GLOSSAIRE ET INDEX
Dans les pages jaunes du dernier chapitre, un glossaire reprend certains des mots utilisés dans cet ouvrage, et un index dresse une liste alphabétique des principaux termes employés.

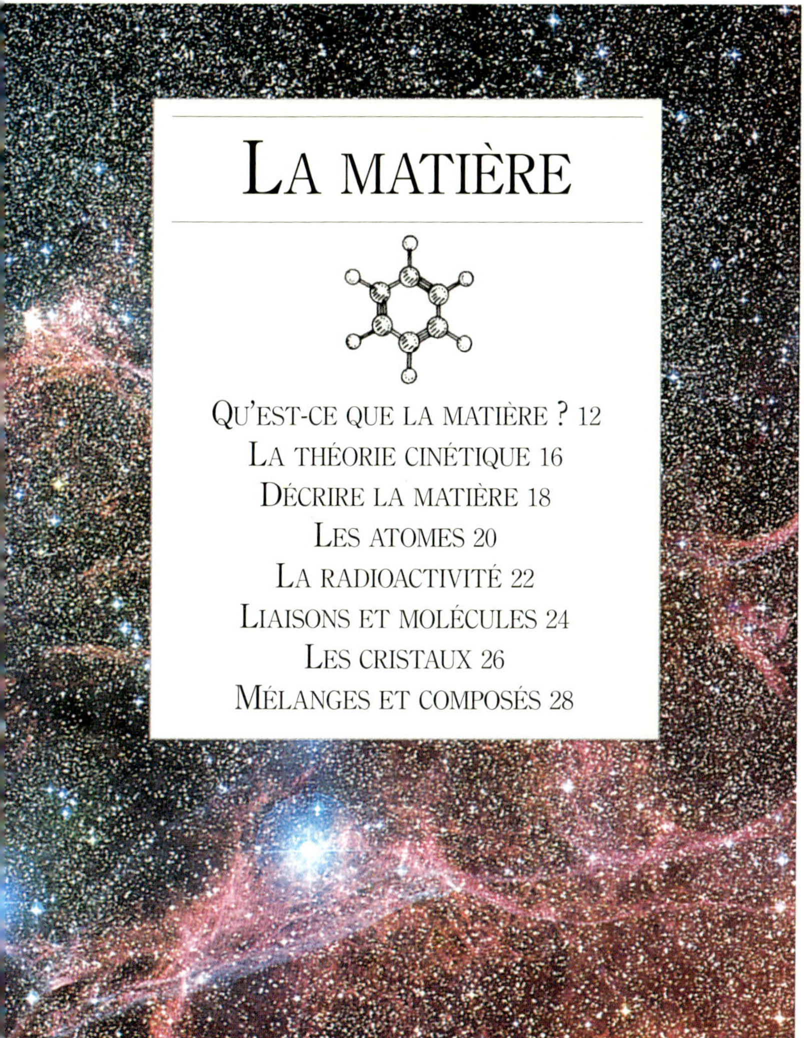

La matière

Qu'est-ce que la matière ?

La matière qui nous entoure est constituée de "grains" minuscules (atomes, ions ou molécules) ; elle compose chaque élément de l'univers, du plus petit insecte à la plus lointaine des étoiles. Sur Terre, la matière est présente sous trois formes : solide, liquide et gazeuse.

Le gaz produit par cette réaction chimique se disperse.

Les états de la matière

État gazeux

- Un gaz n'a pas de forme propre ; il occupe tout le volume qui lui est offert.
- Les "grains" sont espacés.
- Ils sont faiblement liés entre eux et se déplacent librement.

Le liquide épouse la forme du verre.

État liquide

- Son volume est défini mais sa forme épouse la forme du récipient qui le contient.
- Les "grains" forment un ensemble condensé mais désordonné.
- Ils peuvent se déplacer les uns par rapport aux autres.

Les pièces sont rigides.

État solide

- Un solide possède une forme et un volume propre.
- Les "grains" sont liés entre eux, selon un schéma ordonné.
- Ils peuvent vibrer, mais ne peuvent pas se déplacer les uns par rapport aux autres.

MASSE, MASSE VOLUMIQUE ET VOLUME

La masse est la quantité de matière composant un corps. Le volume est l'espace occupé par ce corps. La masse volumique est le rapport de la masse d'un corps à son volume ; elle permet de comparer différents matériaux.

Cubes de masse égale et de densité différente.

Masse volumique 11,3 g/cm³ — *Masse volumique 0,9 g/cm³* — *Masse volumique 0,2 g/cm³*

QUELQUES MASSES VOLUMIQUES COMMUNES : dans du métal, les atomes ont une masse plus importante et sont plus serrés les uns des autres que dans du bois.

MATÉRIAU	MASSE VOLUMIQUE, G/CM³
Or	19,3
Fer	7,8
Béton	2,4
Eau	1
Pétrole	0,8
Bois (chêne)	0,8
Air (au niveau de la mer)	1,025

LE PLASMA, 4e ÉTAT DE LA MATIÈRE

Le plasma se forme lorsque des atomes libèrent des électrons sous l'effet de l'électricité ou de la chaleur. Dans cette boule de verre, un gaz sous basse pression soumis à un fort courant a formé un plasma.

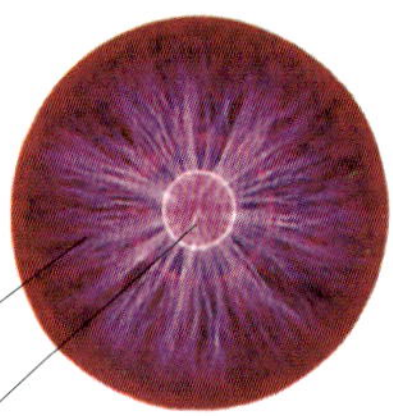

Traînées de plasma

Électrode

UNITÉ S.I. :

Le **kilogramme** (kg) est l'unité S.I. de masse. Le kg est la masse d'un cylindre d'alliage de platine et d'iridium conservé à Sèvres, près de Paris. Il y a 1 000 grammes (g) dans un kg, 1 000 milligrammes (mg) dans un g et 1 000 kg dans une tonne (t).

L'HYDROMÈTRE

La masse volumique d'un liquide est calculée en fonction de celle de l'eau : c'est la densité relative. On l'établit en plongeant un hydromètre plus ou moins profondément dans un liquide.

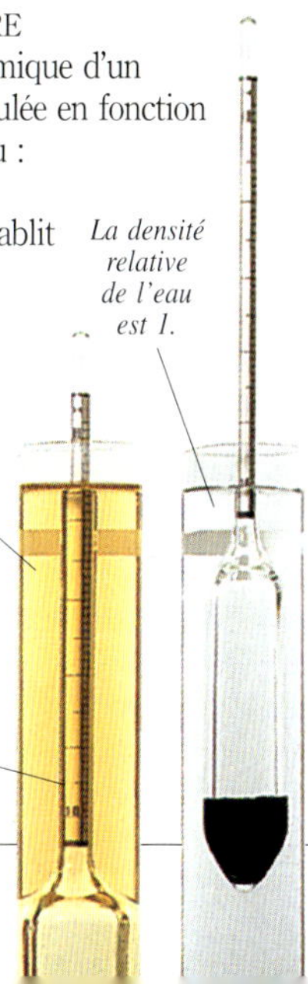

La densité relative de l'eau est 1.

L'huile végétale a une densité relative de 0,91.

L'hydromètre s'enfonce plus profondément dans l'huile.

Les changements d'état

L'état d'un corps est déterminé par sa température. À haute température, les solides se transforment en liquides et les liquides en gaz ; les "grains" qui les composent vibrent plus rapidement et les liaisons entre ceux-ci sont affaiblies. À basse température, les gaz se transforment en liquides et les liquides en solides (condensation).

GLACE

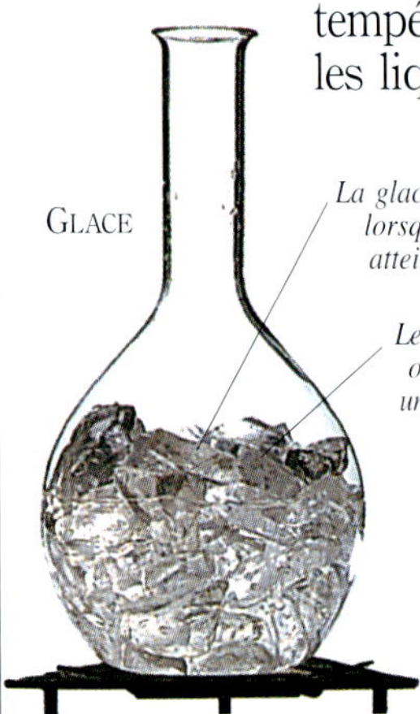

La glace se forme lorsque l'eau atteint 0 °C.

Les cubes de glace ont une forme et un volume définis.

LES TROIS ÉTATS DE L'EAU
Lorsque l'eau est à une température située entre 0 °C et 100 °C, elle est à l'état liquide. Elle se transforme en glace lorsque sa température est inférieure à 0 °C, et en vapeur d'eau lorsque sa température dépasse 100 °C.

EAU

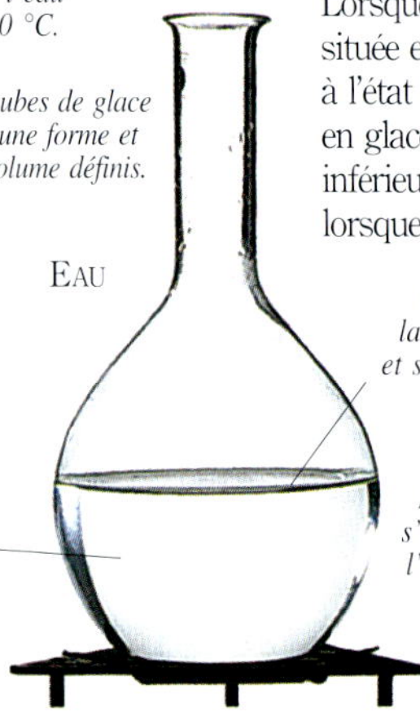

Chauffée, la glace fond et se transforme en eau.

L'eau épouse la forme de l'éprouvette.

VAPEUR

La vapeur s'échappe de l'éprouvette.

Les bulles de vapeur se forment : c'est l'ébullition.

Un clapet évacue l'excès de vapeur.

CUISSON SOUS PRESSION : dans une cocotte-minute, la pression provoque une élévation du point d'ébullition de l'eau ; les molécules ont besoin de plus d'énergie thermique pour se transformer en gaz. L'augmentation de la température permet une cuisson plus rapide.

Transformations des gaz

- Un gaz peut se condenser en liquide ou, comme le dioxyde de carbone, directement en solide.
- La condensation se produit à une température égale ou inférieure au point d'ébullition.

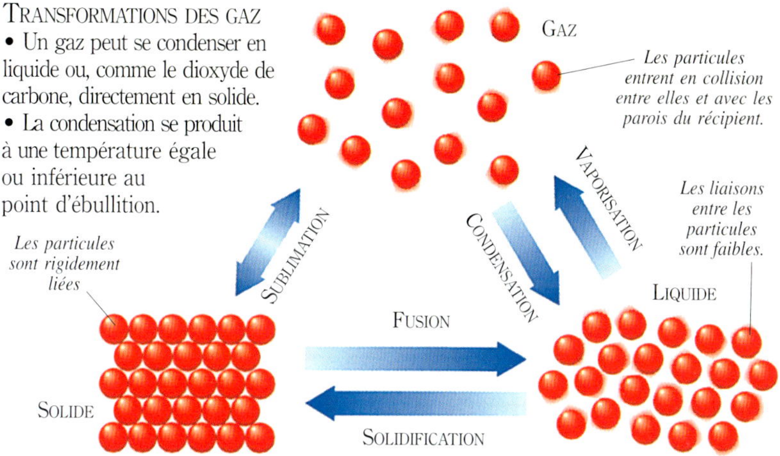

Transformations des solides

- Au-dessus du point de fusion, la plupart des solides se transforment en liquides.
- Certains solides peuvent se transformer directement en gaz : c'est la sublimation.

Transformations des liquides

- Au-delà du point d'ébullition, les liquides se transforment en gaz.
- En deçà d'un seuil de température appelé point de solidification, les liquides se transforment en solides.

Le verre : une substance en "surfusion", comme le verre, peut être refroidie au-delà de son point de solidification sans changement d'état. Le verre est rigide mais les "grains" qui le constituent sont moins ordonnés que ceux d'un solide.

Points de fusion

Substance	Point de fusion
Alcool (éthanol)	–169 °C
Eau	0 °C
Cire	57 °C
PVC	197 °C
Nylon	212 °C
Sel (chlorure de sodium)	801 °C
Or	1064 °C
Acier inoxydable	1527 °C
Diamant	3550 °C

LA THÉORIE CINÉTIQUE

Le mouvement continu des “grains” de matière est un des principes de base de la théorie cinétique. L’énergie dégagée par ce mouvement conditionne la température et le comportement de chaque substance.

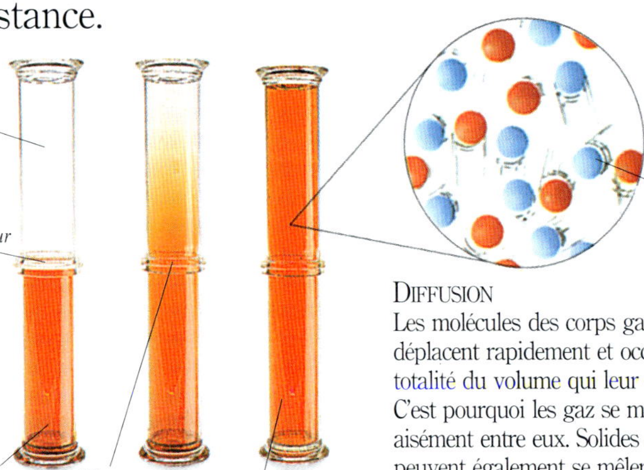

DIFFUSION

Les molécules des corps gazeux se déplacent rapidement et occupent la totalité du volume qui leur est offert. C’est pourquoi les gaz se mélangent aisément entre eux. Solides et liquides peuvent également se mêler par diffusion, mais beaucoup plus lentement.

LE SAVIEZ-VOUS ?

- Le physicien autrichien Ludwig Boltzmann a développé la théorie cinétique dans les années 1860.
- Le botaniste écossais Robert Brown a découvert le mouvement brownien en 1827. Albert Einstein l’a expliqué en 1905.

MOUVEMENT BROWNIEN

Observés au microscope, ces grains de pollen immergés dans de l’eau bougent de façon désordonnée. Ce phénomène, appelé mouvement brownien, est dû au bombardement des grains de pollen par les molécules d’eau.

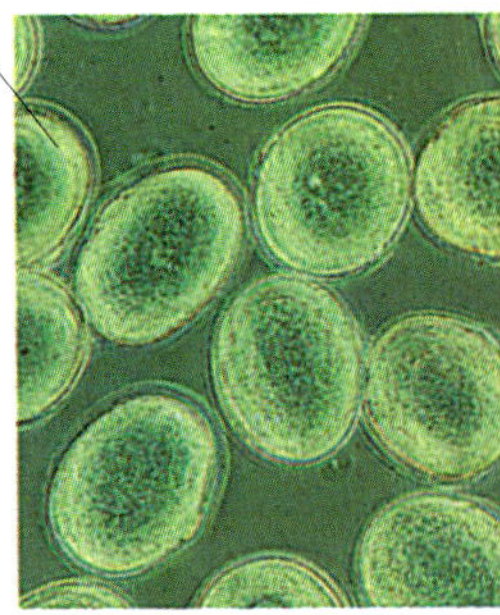

Loi de Charles

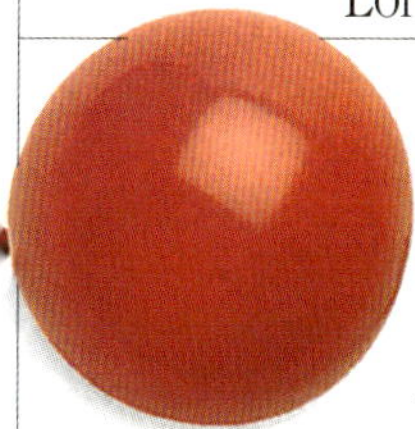

1 Refroidissement : le ballon gonflé au gaz est plongé dans de l'azote liquide à –176 °C ; le gaz est refroidi.

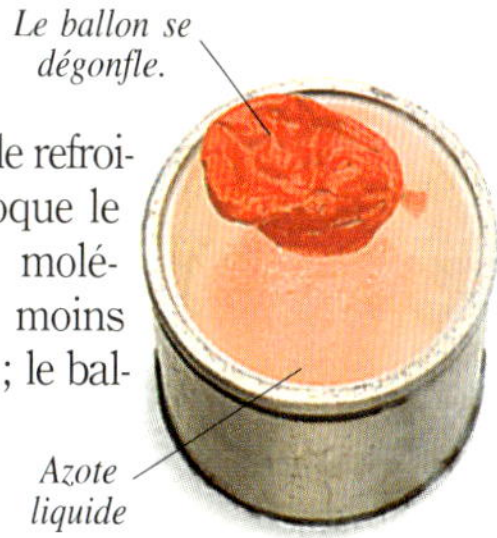

2 Dégonflement : le refroidissement provoque le ralentissement des molécules qui frappent moins les parois du ballon ; le ballon se dégonfle.

3 Regonflement : quand on extrait le ballon de l'azote, le gaz se réchauffe au contact de l'air ; le mouvement des molécules s'accélère et le ballon se regonfle.

Dilatation des matériaux

Chauffer un solide augmente l'énergie cinétique de ses atomes. Ils vibrent de plus en plus vite et s'écartent les uns des autres, causant une dilatation.

Matériaux	Dilatation d'une barre de 1 m chauffée à 100 °C
Invar (alliage acier/nickel)	0,1 mm
Pyrex	0,3 mm
Alliage de platine	0,9 mm
Acier	1,1 mm
Aluminium	2,6 mm

Lois des gaz parfaits

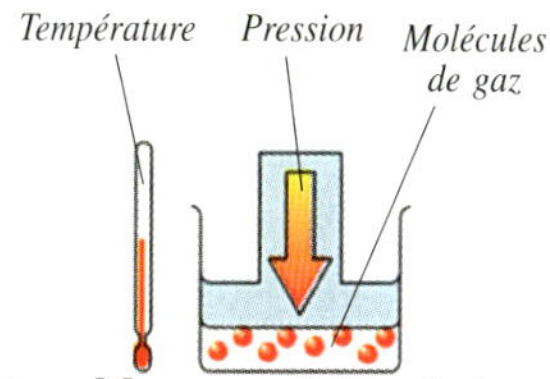

Loi de Mariotte : à température constante (T), le volume (V) d'un gaz est inversement proportionnel à sa pression (P) (le gaz se contracte si la pression augmente) : PV est une constante.

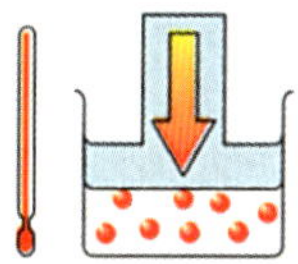

Loi de la variation de pression : pour un volume constant, la pression d'un gaz est proportionnelle à sa température (si la température augmente, la pression augmente) : P/T est une constante.

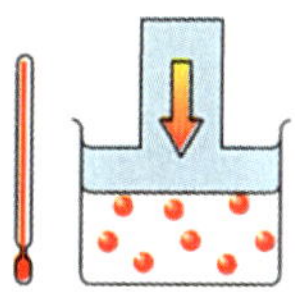

Loi de Charles : à pression constante, le volume d'un gaz est proportionnel à sa température (si la température augmente, le volume augmente) : V/T est une constante.

DÉCRIRE LA MATIÈRE

Un matériau est caractérisé par ses propriétés physiques et sa composition chimique. Couleur, forme, texture et odeur sont les propriétés les plus évidentes. Elles peuvent être complétées par d'autres caractéristiques : dureté, solubilité, viscosité ou résistance mécanique.

RAYON DE MIEL

Le miel se répand très lentement.

VISCOSITÉ

Les frottements qui s'exercent entre leurs molécules empêchent les liquides visqueux tels que le miel de s'écouler librement. L'eau, qui coule facilement, a une faible viscosité.

ÉCHELLE DE MOHS		
DURETÉ	MINÉRAL	RAYÉ PAR
10	Diamant	Diamant
9	Corindon	Carbure de silicium
8	Topaze	Carbure de tungstène
7	Quartz	Poinçon en acier
6	Orthose	Sable
5	Apatite	Nickel
4	Fluorine	Verre
3	Calcite	Onglet en fer
2	Gypse	Ongle humain
1	Talc	Étain

DURETÉ

La dureté d'un matériau est établie en fonction de sa capacité à résister aux rayures. Un matériau rayé par un autre matériau est moins dur que celui-ci. L'échelle de Mohs établit dix degrés de dureté correspondant à dix minéraux.

DUCTILITÉ ET MALLÉABILITÉ

Un matériau ductile, tel que le cuivre, se laisse étirer sous forme de fil. Un matériau malléable peut être réduit en feuilles et mis en forme à froid par martelage. L'or est le matériau le plus malléable.

FIL DE CUIV

Élasticité

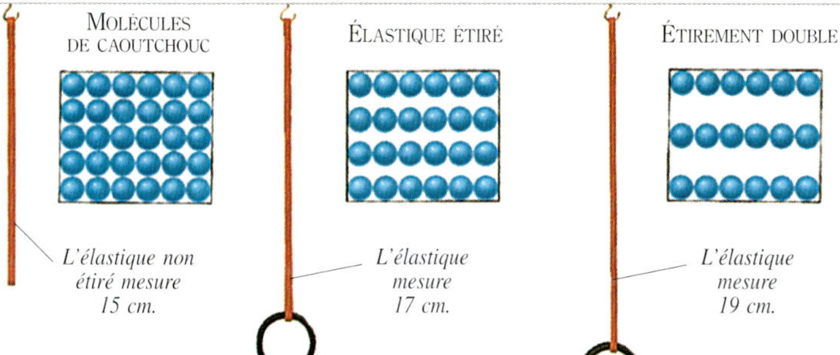

1 Élasticité : à l'image de ce ruban de caoutchouc, les matériaux élastiques se déforment sous l'action de forces extérieures, puis reprennent leur forme et leur dimension originale dès que ces forces cessent.

2 Étirement : si l'on accroche une masse de 1 kg au bout de l'élastique, celui-ci s'allonge de 2 cm. Les molécules de caoutchouc s'écartent les unes des autres sous l'effet de la traction.

3 Étirement double : l'étirement est proportionnel à la traction exercée; si l'on accroche une masse de 2 kg au bout de l'élastique, celui-ci s'allonge de 4 cm.

Résilience

Certains matériaux rompent lorsqu'ils subissent une déformation ou sont brisés par un simple choc. Les matériaux les plus fragiles, tels que le verre et la terre cuite, possèdent pourtant une certaine élasticité.

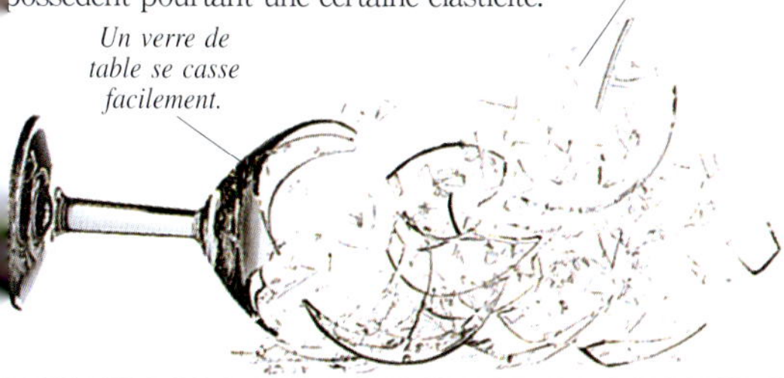

Un verre de table se casse facilement.

Le verre se brise en petits morceaux.

Solubilité dans l'eau

Les masses indiquées se dissolvent dans 100 g d'une eau à 25 °C.

- Alcool (éthanol) : presque sans limite
- Sucre : 211 g
- Sel : 36 g
- Dioxyde de carbone : 0,14 g
- Oxygène : 0,004 g
- Sable : insoluble

Les atomes

La matière est constituée de “grains” de taille infime appelés atomes. Structures le plus souvent stables, les atomes sont présents dans l’ensemble de l’Univers. On en compte plus de cent types, eux-mêmes constitués de “grains” encore plus petits : les particules élémentaires.

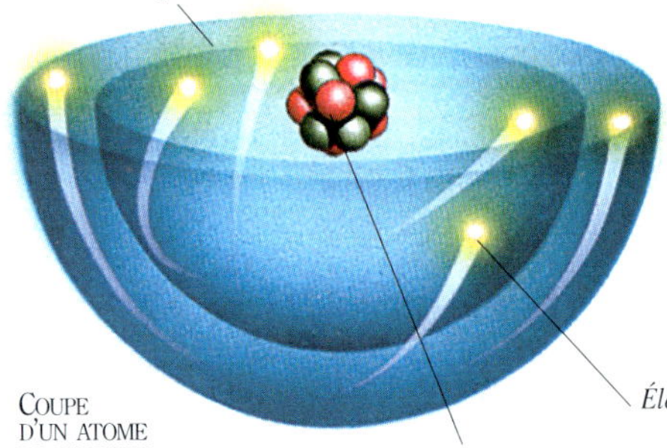

COUPE D’UN ATOME DE CARBONE

Structure de l’atome

Le centre d’un atome, appelé noyau, es formé de protons chargés positivement et de neutrons de charge nulle. Les électrons, particules chargées négativement, tournent autour du noyau sur des couches électroniques.

Le nombre de masse

Le nombre total de protons et de neutrons contenus dans le noyau d’un atome est le nombre de masse. L’atome de carbone le plus répandu possède 6 protons et 6 neutrons ; c’est pourquoi il est appelé carbone 12.

ATOME DE CARBONE 12

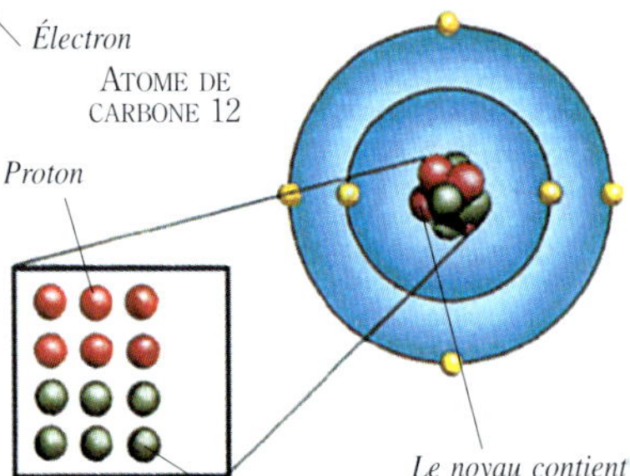

ATOME DE CARBONE 14

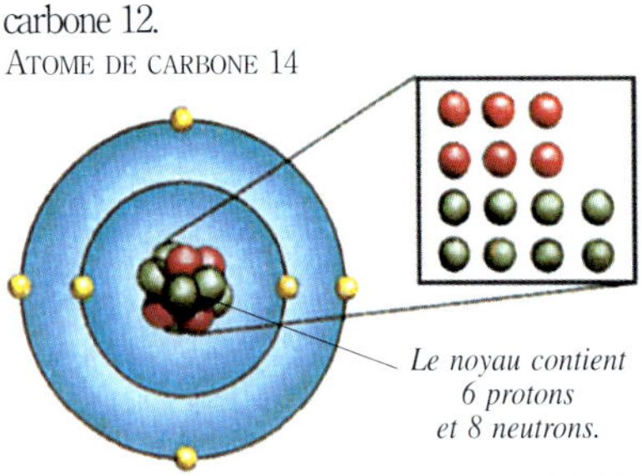

Isotopes

Lorsque deux atomes d’un élément possèdent un même nombre de protons mais un nombre différent de neutrons, ce sont des isotopes. L’isotope carbone 14 possède deux neutrons de plus que l’isotope carbone 12.

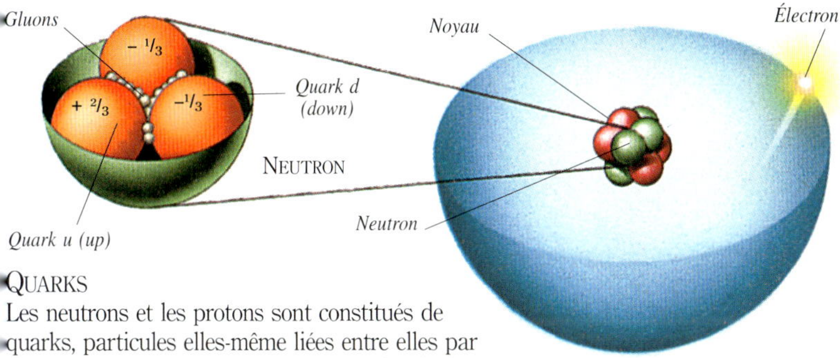

QUARKS

Les neutrons et les protons sont constitués de quarks, particules elles-même liées entre elles par d'autres particules, les gluons. Les quarks d (down) ont une charge négative de –1/3 et les quarks u (up), une charge positive de + 2/3.

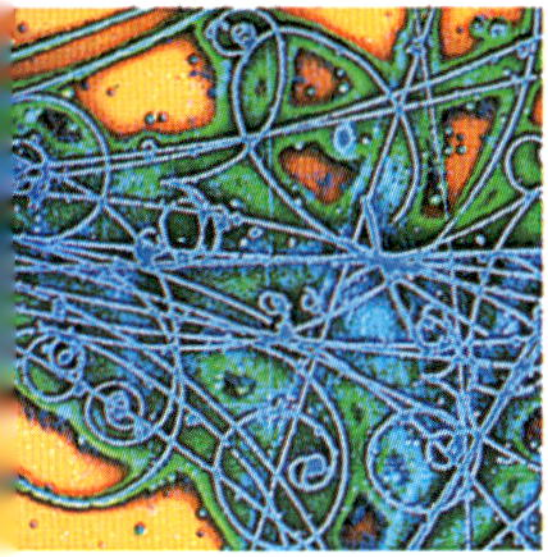

COLLISIONS

Des chocs frontaux de particules sont réalisés dans des accélérateurs de particules. L'enregistrement sur ordinateur fait apparaître les mouvements de particules éphémères engendrées par le choc.

NUMÉRO ET MASSE ATOMIQUE

- La masse atomique d'un élément est le rapport de la masse de l'un de ses atomes à celle d'un atome de carbone 12.
- Le numéro atomique d'un élément correspond au nombre de protons contenus dans les noyaux de ses atomes.

MASSES ATOMIQUES

ÉLÉMENT	SYMBOLE	MASSE ATOMIQUE
Hydrogène	H	1,008
Carbone	C	12,01
Sodium	Na	22,99
Fer	Fe	55,85
Brome	Br	79,9
Tungstène	W	183,9
Mercure	Hg	200,6

LE SAVIEZ-VOUS ?

- Protons et neutrons sont 1 836 fois plus lourds que les électrons.
- Plus de 200 particules élémentaires ont été découvertes à ce jour.
- Un grain de poussière contient environ mille milliards d'atomes.

LA RADIOACTIVITÉ

Certains atomes sont instables et se désintègrent spontanément ; on dit qu'ils sont radioactifs. Ces atomes, dits radio-isotopes, sont présents dans la plupart des éléments. Ils émettent trois types de radiations, alpha, bêta et gamma, qui peuvent être dangereuses pour les êtres vivants.

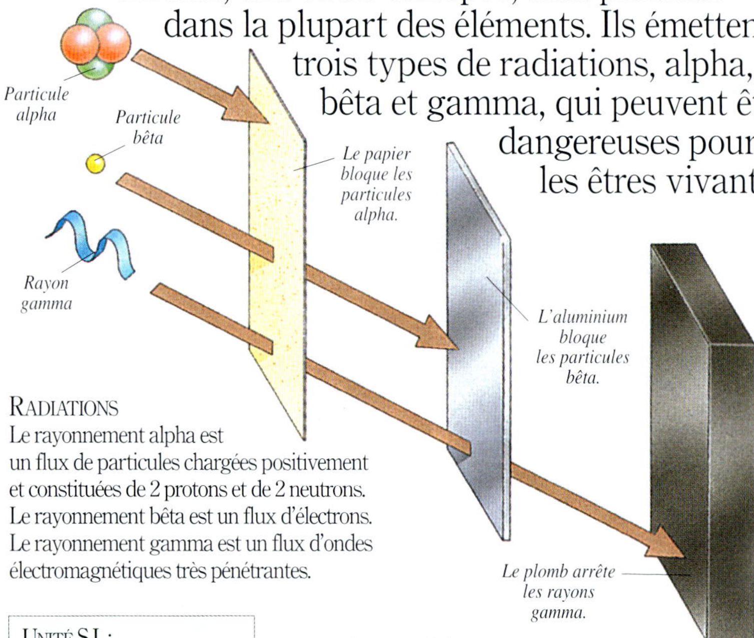

RADIATIONS

Le rayonnement alpha est un flux de particules chargées positivement et constituées de 2 protons et de 2 neutrons. Le rayonnement bêta est un flux d'électrons. Le rayonnement gamma est un flux d'ondes électromagnétiques très pénétrantes.

UNITÉ S.I. :

Le **becquerel** (Bq), unité S.I. d'activité radioactive, correspond à l'activité d'une quantité de nucléide radioactif dont le nombre de désintégrations par seconde est égal à 1.

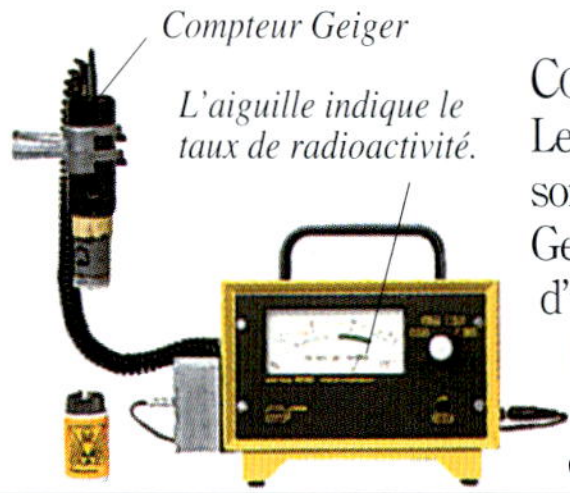

COMPTEUR GEIGER-MULLER

Les particules radioactives sont captées par un compteur Geiger sous la forme d'impulsions électriques.

La radioactivité d'un corps est mesurée par le nombre de ces impulsions.

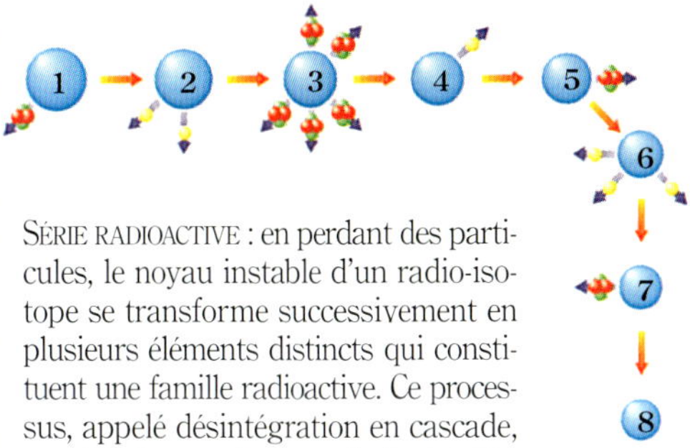

SÉRIE RADIOACTIVE : en perdant des particules, le noyau instable d'un radio-isotope se transforme successivement en plusieurs éléments distincts qui constituent une famille radioactive. Ce processus, appelé désintégration en cascade, prend fin lorsque le noyau devient stable.

DÉSINTÉGRATION EN CASCADE DE L'URANIUM 238

1. Désintégration alpha de l'uranium 238
2. Double désintégration bêta
3. Triple désintégration alpha
4. Désintégration bêta du plomb 214
5. Désintégration alpha du polonium 214
6. Triple désintégration bêta
7. Désintégration alpha du polonium 210
8. Formation du plomb 206

PÉRIODES RADIOACTIVES
Le temps nécessaire à la désintégration de la moitié des atomes d'une substance radioactive est appelé période radioactive, ou demi-vie. Au terme de deux périodes, la radioactivité d'une substance a diminué des trois quarts. La durée d'une période varie selon chaque radio-isotope.

PÉRIODES DE QUELQUES RADIO-ISOTOPES

RADIO-ISOTOPES	PÉRIODE	TYPE DE DÉSINTÉGRATION
Uranium 238	4,5 milliards d'années	Alpha
Carbone 14	5 570 ans	Bêta
Cobalt 60	5,3 ans	Gamma
Radon 222	4 jours	Bêta
Unnilquadium 105	32 secondes	Gamma

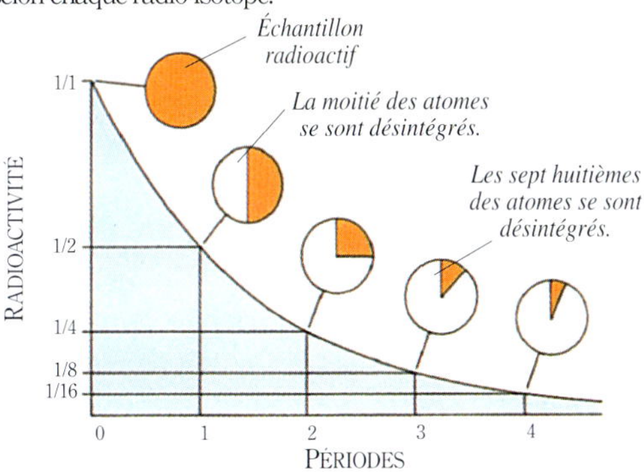

LE SAVIEZ-VOUS ?

• Bien que dangereuses, les radiations sont souvent utilisées en médecine, par exemple pour la stérilisation des appareils ou l'élimination des cellules cancéreuses.

• La radioactivité naturelle a été découverte par le physicien français Antoine Becquerel en 1896.

LIAISONS ET MOLÉCULES

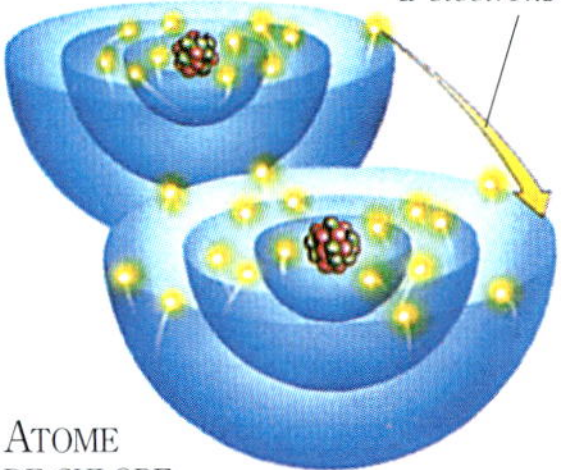

Pour compléter leur dernière couche électronique, les atomes s'associent parfois entre eux et forment des molécules, liées par des forces électromagnétiques générées par le mouvement de leurs électrons.

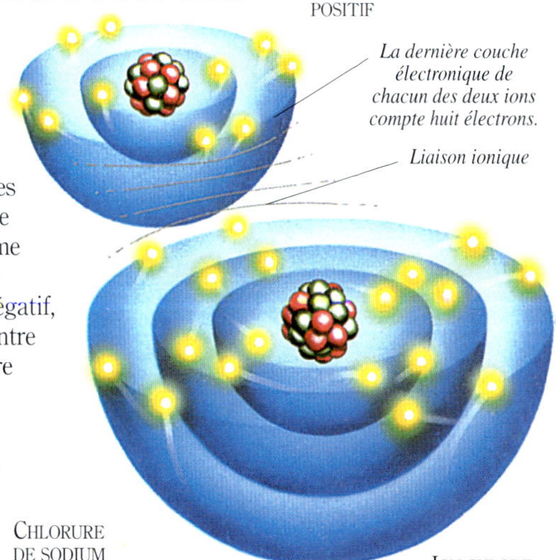

LIAISONS IONIQUES

Une liaison ionique est un transfert d'électrons entre deux atomes qui donne naissance à des particules appelées ions. L'atome donneur d'électrons se transforme en ion positif, ou cation, l'atome receveur se transforme en ion négatif, ou anion. La force d'attraction entre ces ions de signe contraire assure la solidité de la liaison.

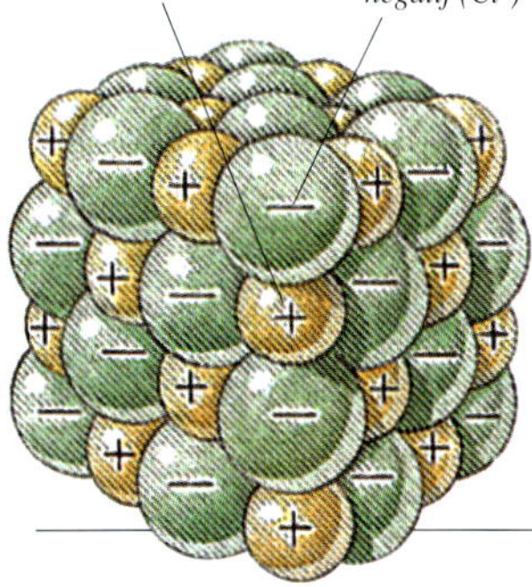

STRUCTURES CRISTALLINES

La disposition ordonnée et répétitive des ions chlore et sodium dans un cristal de sel (chlorure de sodium) est appelée une maille.

LIAISONS COVALENTES

Les atomes associés par une liaison covalente simple mettent en commun chacun un électron. Ces 2 électrons forment un doublet de liaison qui gravite autour des 2 noyaux, formant ainsi une molécule. Dans une liaison covalente double, chaque atome donne 2 électrons.

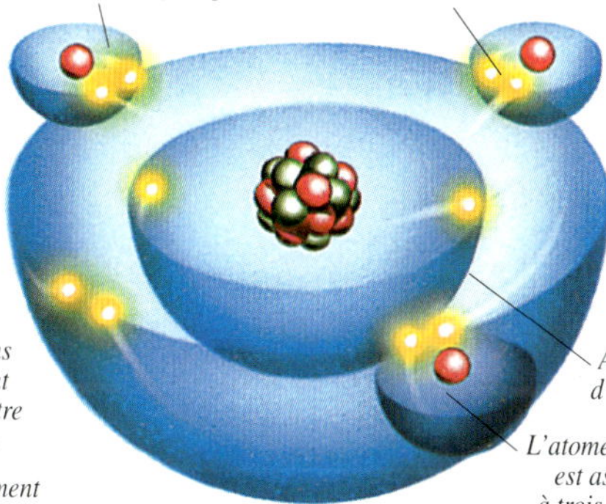

MOLÉCULE D'AMMONIAC

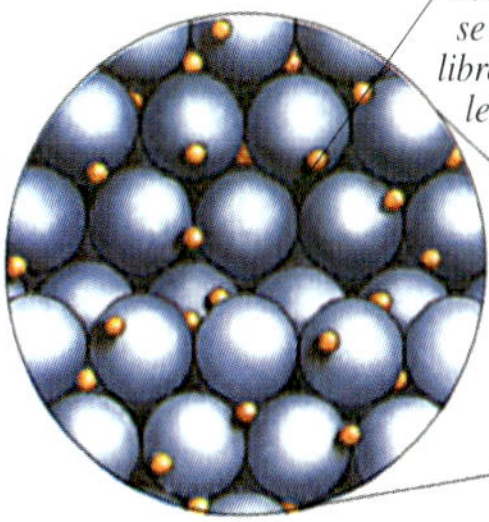

AMPOULE

LIAISONS MÉTALLIQUES

Dans un corps métallique, les électrons de la dernière couche sont faiblement liés aux atomes. Ce mouvement libre des électrons agglomère solidement les atomes entre eux et rend le métal fortement conducteur.

LE SAVIEZ-VOUS ?

- La distinction entre atomes et molécules fut faite pour la première fois en 1811 par l'Italien Amedeo Avogadro.
- À température et pression normales, un litre de gaz quelconque contient 27 000 milliards de millards de molécules.

LA MATIÈRE ET SES COMPOSANTS

STRUCTURE	COMPOSANTS	SUBSTANCE	EXEMPLES
Métallique	Atomes	Métaux	Sodium, fer, cuivre
Ionique	Ions	Composés de métaux et non-métaux	Chlorure de sodium (sel), hydroxyde de calcium (chaux éteinte)
Moléculaire	Molécules	Non-métaux et composés	Iode, soufre, eau, dioxyde de carbone
Macro-moléculaire	Macro-molécules	Non-métaux et composés	Diamant, graphite, polyéthylène

Les cristaux

La plupart des solides possèdent une structure cristalline qui relie entre eux les “grains” de matière en une maille ordonnée et répétitive. Il existe sept types de mailles ou systèmes qui, tous, ont des arêtes rectilignes, des coins symétriques et des parois lisses.

Le soufre forme des cristaux orthorhombiques et monocliniques.

Cristaux de soufre

Formation d'un cristal

- Le refroidissement d'un solide en fusion ou la vaporisation partielle d'une solution peut donner naissance à un cristal.
- Atomes, ions ou molécules s'unissent pour composer une structure régulière appelée maille.
- L'assemblage basique de “grains” de matière dans un cristal constitue le motif élémentaire.

Le saviez-vous ?

- Une pellicule photographique est impressionnée grâce à ses cristaux de sels d'argent très sensibles à la lumière.
- L'électronique utilise des cristaux de silicium pur. Ils sont créés en laboratoire car ils n'existent pas à l'état naturel.

Cette calculatrice utilise un affichage à cristaux liquides.

Cristaux liquides

Bien que fluide, un cristal liquide possède une structure cristalline régulière. Lorsqu'un apport de chaleur ou d'électricité vient altérer cette structure, le cheminement de la lumière à travers le cristal est modifié. C'est par ce processus que fonctionne un affichage à cristaux liquides.

Systèmes cristallins

Ils sont répertoriés en fonction des caractéristiques d'un groupe quelconque de trois liaisons formant un "coin" dans le motif élémentaire.

Cristaux cubiques de galène (minerai de fer)

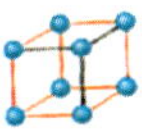	Système cubique : liaisons de longueur égale. Chaque angle vaut 90°.
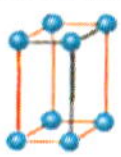	Système tétragonal : 2 des liaisons sont de longueur égale. Chaque angle vaut 90°.
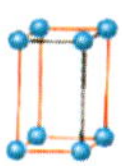	Système orthorhombique : liaisons de longueur inégale. Chaque angle vaut 90°.
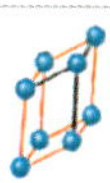	Système monoclinique : liaisons de longueur inégale. 2 d'entre elles forment un angle à 90°.
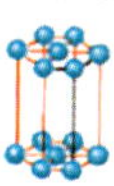	Système hexagonal : 2 liaisons de longueur égale. Les liaisons forment des angles de 90° et 120°.
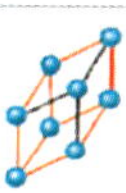	Système rhomboédrique : liaisons de longueur égale. Aucun angle ne vaut 90°.
	Système triclinique : liaisons de longueur inégale. Aucun angle ne vaut 90°.

Cristaux piézoélectriques

Certains cristaux produisent des charges électriques sous l'effet de contraintes mécaniques. De la même façon, ils vibrent lorsqu'ils sont soumis à une impulsion électrique. Ces cristaux sont utilisés dans l'électronique et l'horlogerie.

Le courant produit par la pile électrique fait vibrer les cristaux de quartz.

Les vibrations du quartz commandent le mouvement des aiguilles.

Eau de cristallisation : certains cristaux, les hydrates, contiennent des molécules d'eau. Chauffés, ces cristaux de sulfate de cuivre de couleur bleue libèrent cette eau (eau de cristallisation), et se transforment, sans modification de structure, en cristaux anhydres de couleur blanche.

Un apport d'eau redonne aux cristaux leur couleur bleue.

MÉLANGES ET COMPOSÉS

Peu d'éléments existent isolés à l'état naturel. La plupart des substances sont constituées de deux ou plusieurs éléments qui peuvent être simplement mélangés (solutions ou solutions colloïdales) ou étroitement combinés par une réaction chimique.

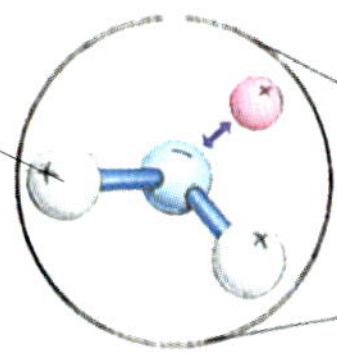

Les molécules d'eau attirent les ions potassium positifs.

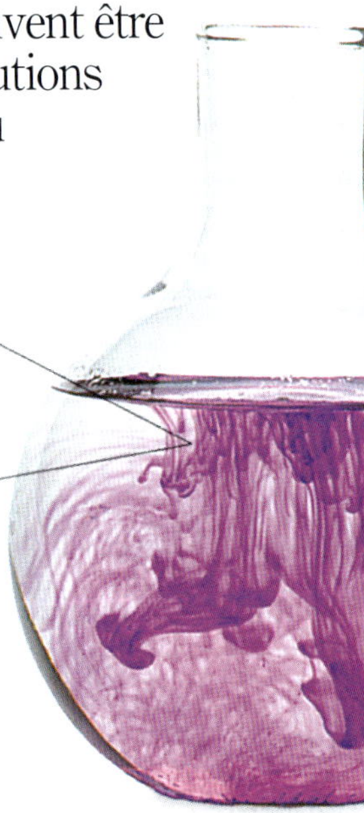

Le permanganate de potassium est soluble dans l'eau.

SOLUTIONS

Une solution est le résultat de la dissolution d'une ou plusieurs substances (soluté) dans une autre (solvant). Les composés solubles dans l'eau se brisent en ions positifs qui établissent des liaisons avec les molécules d'eau.

SOLUTIONS COLLOÏDALES

Une solution colloïdale est la dispersion régulière de grains de matière (micelles) dans un solide, un liquide ou un gaz. Dans le gel capillaire les grains de graisse sont en suspension dans de l'eau.

GEL CAPILLAIRE

TYPES DE SOLUTIONS COLLOÏDALES		
TYPE	DESCRIPTION	EXEMPLES
Sol	Solide dans liquide/solide	Verre coloré
Émulsion	Liquide dans un liquide	Peinture, lait
Gel	Solide dans un liquide	Gel capillaire
Mousse	Gaz dans liquide/solide	Mousse à raser
Aérosol	Solide/liquide dans gaz	Fumée, brouillard

Différence entre mélanges et composés

- Si on chauffe un mélange de soufre et de limaille de fer, la réaction chimique qui s'en suit produit un composé.
- La limaille de fer est dissociée du mélange par l'aimant ; pour "briser" le composé, une nouvelle réaction chimique est nécessaire.

L'aimant attire la limaille de fer.

Mélange de soufre et de limaille de fer

L'aimant n'attire pas le composé.

Sulfate de fer

Deux variantes

Cuivre et oxygène s'associent pour former deux types de composés. L'oxyde de cuivre (I) contient deux fois plus d'atomes de cuivre. L'oxyde de cuivre (II) contient autant d'atomes de cuivre que d'atomes d'oxygène.

Oxyde de cuivre (I) (Cu_2O)

Oxyde de cuivre (II) (CuO)

Propriétés des composés

Eléments dangereux : les composés possèdent souvent des propriétés différentes de celles de leurs composants. Le sel de table contient du chlore, un gaz nocif, et du sodium, un métal dangereusement réactif.

Chlore

+

Sodium

=

Chlorure de sodium sel

Un composé essentiel : chlore et sodium se combinent en une relation chimique pour donner naissance à des cristaux de sel (chlorure de sodium). Durant ce processus, les deux substances ont perdu leurs dangereuses propriétés. Le composé obtenu, le sel, est un aliment indispensable pour notre santé.

La séparation des mélanges

Pour étudier les composants d'un mélange, il faut les dissocier. La décantation permet d'isoler les particules solides contenues dans un liquide ; la centrifugation permet de séparer des composants de densités différentes. La distillation, l'évaporation, la filtration et la dessiccation sont d'autres procédés également employés.

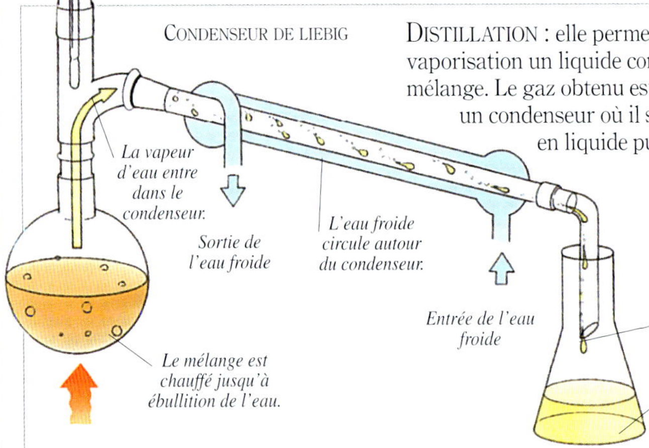

DISTILLATION : elle permet d'isoler par vaporisation un liquide contenu dans un mélange. Le gaz obtenu est refroidi dans un condenseur où il se transforme en liquide pur.

DISTILLATION FRACTIONNÉE : elle permet de dissocier des liquides entrant en ébullition à des températures différentes. Ce procédé est utilisé à l'échelle industrielle pour extraire les composants de l'air. L'air est liquéfié, puis réchauffé pour déclencher successivement la vaporisation des composants.

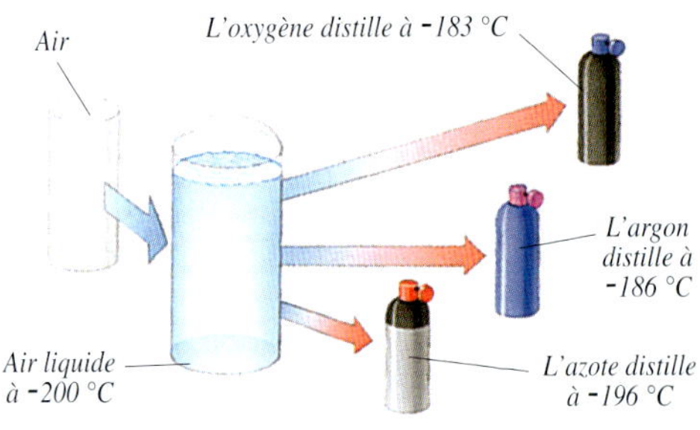

ÉVAPORATION : la chaleur peut dissocier les composants d'un mélange par simple évaporation. On utilise ce procédé pour isoler le sel de l'eau de mer. Des marais salants de faible profondeur sont aménagés le long des côtes. Sous l'effet du soleil, l'eau s'évapore, laissant apparaître les cristaux de sel.

FILTRATION : l'utilisation d'un filtre poreux permet d'isoler les corps solides en suspension dans un liquide. Le filtre laisse passer le liquide et retient les particules solides (résidus).

Le filtre de papier retient les particules de soufre.

Poudre de soufre mélangée à une solution de sulfate de cuivre

La solution de sulfate de cuivre est filtrée.

Couvercle hermétique

Le bloc de sel reste parfaitement sec.

Le gel de silice (siccatif) absorbe l'humidité.

DESSICCATION : un dessiccateur est un récipient en verre hermétiquement clos dans lequel est placée une substance absorbante (siccatif). Il permet d'éliminer l'eau présente dans un solide. Ce bloc de sel destiné à une expérience est entreposé dans un dessiccateur.

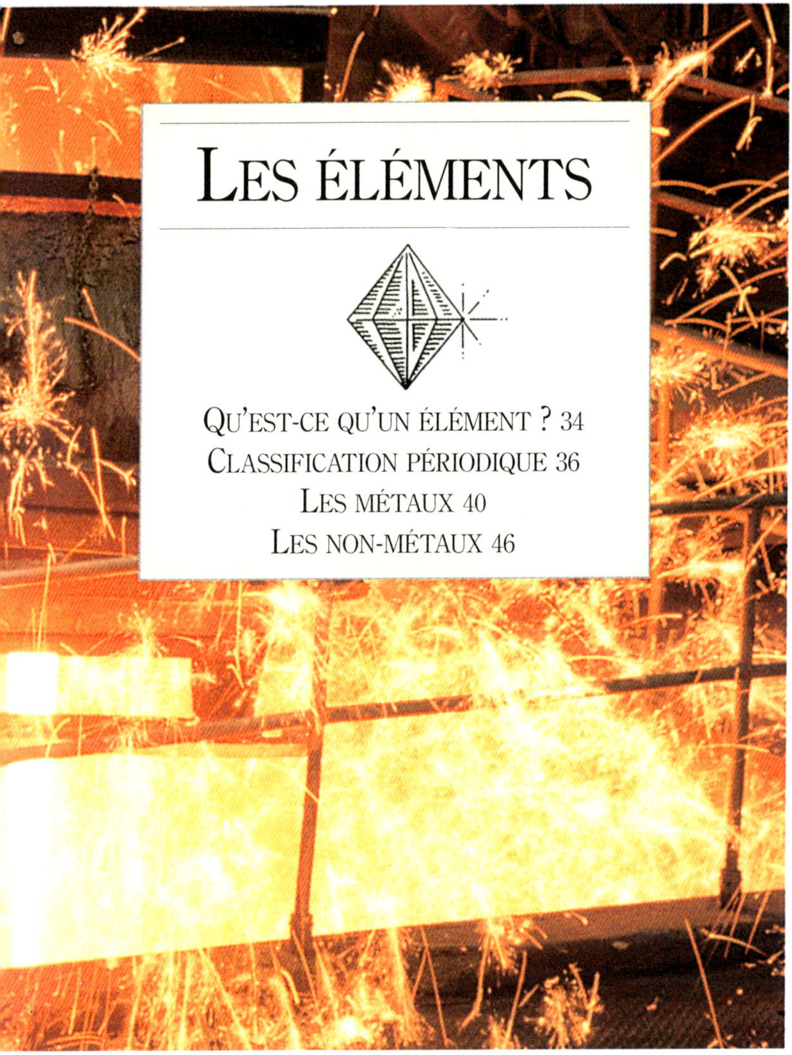

LES ÉLÉMENTS

VEINES D'OR DANS UN BLOC DE QUARTZ

QU'EST-CE QU'UN ÉLÉMENT ?

Un élément est une substance immuable constituée d'un seul type d'atome. Des 114 éléments dénombrés, 89 sont naturels et 25 sont créés artificiellement. La plupart peuvent se combiner entre eux pour former des corps composés ; certains, tel l'or, se trouvent à l'état pur.

VARIÉTÉS ALLOTROPIQUES DU CARBONE

ALLOTROPIE : les variétés allotropiques d'un élément correspondent aux différentes structures selon lesquelles ses atomes sont associés. Chaque variété possède ses propres propriétés.

STRUCTURE DU "FOOTBALLÈNE"

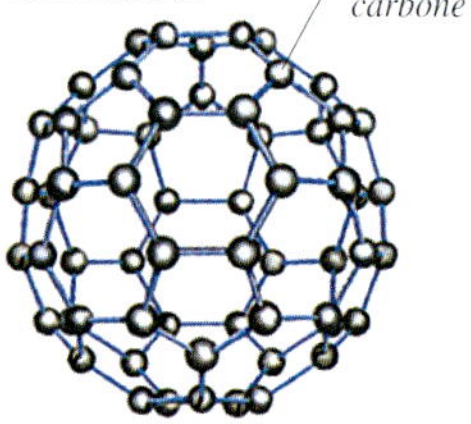

BUCKMINSTERFULLERENE (ou "footballène") : la molécule de cette variété allotropique du carbone récemment découverte forme une sphère regroupant 60 atomes.

DIAMANT : chaque atome est solidement lié à quatre autres atomes pour former un motif qui se répète de façon très ordonné. Cette disposition explique la dureté du diamant.

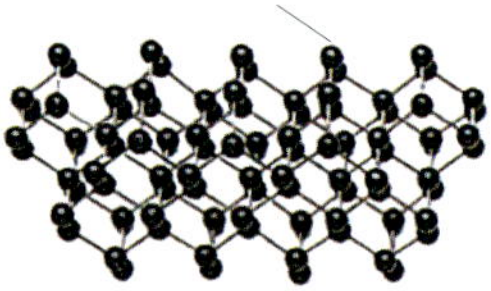

STRUCTURE MOLÉCULAIRE DU DIAMANT

GRAPHITE : les atomes sont associés en feuillets faiblement reliés entre eux. Les feuillets glissent facilement les uns sur les autres ; c'est pourquoi le graphite est un matériau tendre.

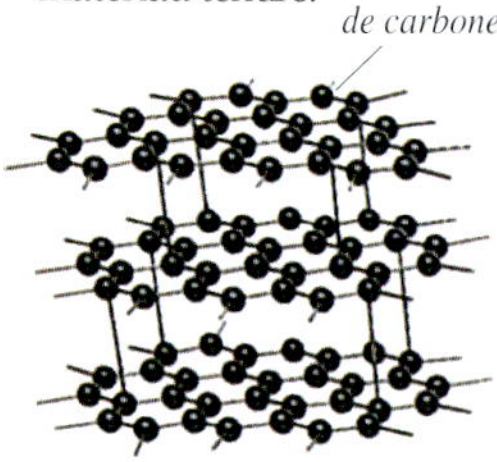

STRUCTURE MOLÉCULAIRE DU GRAPHITE

COMPOSITION DE LA CROÛTE TERRESTRE

La plus grande partie est constituée d'un mélange d'oxygène et de silicium présent dans les roches et les sables (oxyde de silicium). Les argiles sont le résultat d'une combinaison de ce mélange avec le troisième élément le plus commun : l'aluminium.

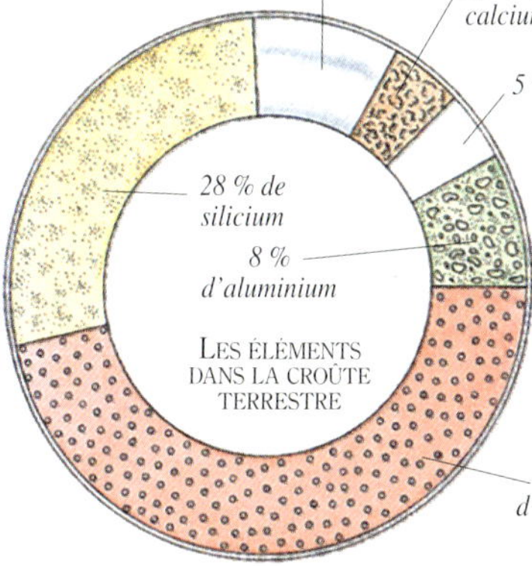

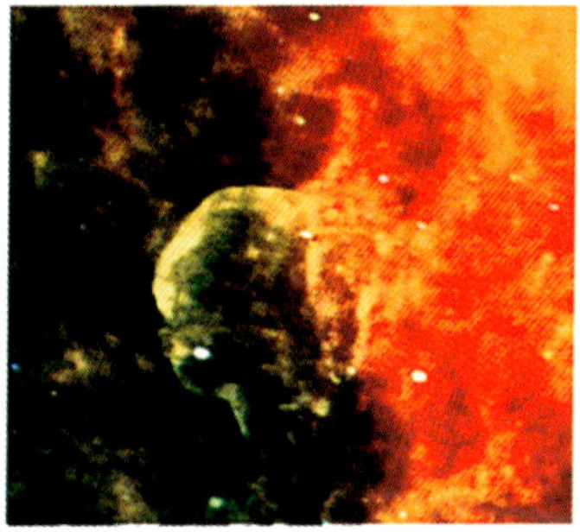

SIMPLES ET ABONDANTS

Éléments les plus simples, l'hydrogène et l'hélium furent les premiers à apparaître lors de la formation de l'Univers. Ces deux gaz constituent 97 % de la masse des étoiles et sont de loin les deux éléments les plus répandus dans l'Univers.

LES ÉLÉMENTS DANS NOTRE CORPS

Les tissus du corps humain sont composés d'hydrogène, d'oxygène, de carbone et d'azote ; le calcium est présent dans nos os. Ces cinq éléments forment 98 % de la masse de notre corps. Bien que présents à des doses infimes, le cuivre, le fer et le zinc sont des éléments essentiels pour notre santé.

Plus de 50 % de notre masse corporelle est constituée d'eau.

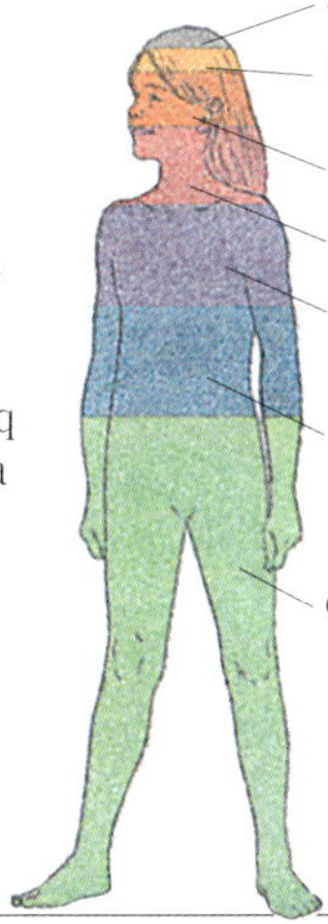

LE SAVIEZ-VOUS ?

- Les philosophes grecs dénombraient quatre éléments : la terre, le feu, l'air et l'eau.
- L'élément le moins répandu sur terre est l'astate. Le métal le plus rare est le rhodium.
- Le technétium fut le premier élément créé de manière artificielle.
- L'atmosphère terrestre est composée à 78 % d'azote.

Classification périodique

Certains éléments possèdent des propriétés chimiques et des structures électroniques semblables. Ces similitudes sont mises en évidence sur le tableau périodique, qui répertorie tous les éléments connus en les classant par familles (colonnes) et par périodes (rangées).

Numéro atomique

Symbole chimique

15 **P** Phosphore

Nom de l'élément

Nom, numéro et symbole
Le numéro atomique indique le nombre de protons contenu dans le noyau d'un atome de l'élément. Ce numéro correspond également au nombre d'électrons en orbite.

1	2	3	4	5	6	7	8	9
1 **H** Hydrogène								
3 **Li** Lithium	4 **Be** Béryllium							
11 **Na** Sodium	12 **Mg** Magnésium							
19 **K** Potassium	20 **Ca** Calcium	21 **Sc** Scandium	22 **Ti** Titane	23 **V** Vanadium	24 **Cr** Chrome	25 **Mn** Manganèse	26 **Fe** Fer	27 **Co** Cobalt
37 **Rb** Rubidium	38 **Sr** Strontium	39 **Y** Yttrium	40 **Zr** Zirconium	41 **Nb** Niobium	42 **Mo** Molybdène	43 **Tc** Technétium	44 **Ru** Ruthénium	45 **Rh** Rhodium
55 **Cs** Césium	56 **Ba** Baryum	57–71	72 **Hf** Hafnium	73 **Ta** Tantale	74 **W** Tungstène	75 **Re** Rhénium	76 **Os** Osmium	77 **Ir** Iridium
87 **Fr** Francium	88 **Ra** Radium	89–103	104 **Unq** Unnil-quadium	105 **Unp** Unnil-pentium	106 **Unh** Unnil-hexium	107 **Uns** Unnil-septium	108 **Uno** Unnil-octium	109 **Une** Unnil-ennium
Famille I	Famille II							

Le nombre de couches électroniques croît en descendant dans chaque famille. Les éléments d'une même famille ont les mêmes propriétés chimiques.

57 **La** Lanthane	58 **Ce** Cérium	59 **Pr** Praséodyme	60 **Nd** Néodyme	61 **Pm** Prométhéum	62 **Sm** Samarium
89 **Ac** Actinium	90 **Th** Thorium	91 **Pa** Protact-inium	92 **U** Uranium	93 **Np** Neptunium	94 **Pu** Plutonium

Légende

- Métaux alcalins
- Métaux alcalino-terreux
- Métaux de transition
- Lanthanides
- Actinides
- Métaux pauvres
- Semi-métaux
- Non-métaux
- Gaz inertes

Familles et périodes

Chaque période débute par un métal alcalin hautement réactif dont la dernière couche électronique comprend un seul électron, et se termine par un gaz inerte du groupe 18 (0) dont la dernière couche électronique comprend huit électrons. Les éléments d'une même famille ont le même nombre d'électrons.

Dans chaque période, les propriétés chimiques des éléments évoluent en même temps que croît le numéro atomique.

10	11	12	13	14	15	16	17	18
								2 **He** Hélium
			5 **B** Bore	6 **C** Carbone	7 **N** Azote	8 **O** Oxygène	9 **F** Fluor	10 **Ne** Néon
			13 **Al** Aluminium	14 **Si** Silicium	15 **P** Phosphore	16 **S** Soufre	17 **Cl** Chlore	18 **Ar** Argon
28 **Ni** Nickel	29 **Cu** Cuivre	30 **Zn** Zinc	31 **Ga** Gallium	32 **Ge** Germanium	33 **As** Arsenic	34 **Se** Sélénium	35 **Br** Brome	36 **Kr** Krypton
46 **Pd** Palladium	47 **Ag** Argent	48 **Cd** Cadmium	49 **In** Indium	50 **Sn** Étain	51 **Sb** Antimoine	52 **Te** Tellure	53 **I** Iode	54 **Xe** Xénon
78 **Pt** Platine	79 **Au** Or	80 **Hg** Mercure	81 **Tl** Thallium	82 **Pb** Plomb	83 **Bi** Bismuth	84 **Po** Polonium	85 **At** Astate	86 **Rn** Radon
			Famille III	Famille IV	Famille V	Famille VI	Famille VII	Famille VIII

Les lanthanides et les actinides sont placés à part pour faciliter la compréhension du tableau.

Deux autres systèmes numériques sont parfois utilisés pour classer les éléments.

63 **Eu** Europium	64 **Gd** Gadolinium	65 **Tb** Terbium	66 **Dy** Dysprosium	67 **Ho** Holmium	68 **Er** Erbium	69 **Tm** Thulium	70 **Yb** Ytterbium	71 **Lu** Lutécium
95 **Am** Américium	96 **Cm** Curium	97 **Bk** Berkélium	98 **Cf** Californium	99 **Es** Einsteinium	100 **Fm** Fermium	101 **Md** Mendélévium	102 **No** Nobelium	103 **Lr** Lawrencium

À propos des éléments

CHLORINE

Bien que quelque-uns soient connus depuis la préhistoire, les éléments ont, pour la plupart, été découverts au cours des XVIIIe et XIXe siècles. Certains ne peuvent être créés qu'en laboratoire.

À 20 °C, 96 des 109 éléments connus sont à l'état solide, 11 sont à l'état gazeux et 2 (mercure et brome) sont à l'état liquide.

SODIUM

POTASSIUM

PREMIERS ÉLÉMENTS	
ÉLÉMENT	CONNU DEPUIS
Carbone	Préhistoire
Soufre	Préhistoire
Or	Préhistoire
Plomb	Préhistoire
Cuivre	v. 8000 av. J.-C.
Argent	v. 4000 av. J.-C.
Fer	v. 4000 av. J.-C.
Étain	v. 3500 av. J.-C.
Mercure	v. 1600 av. J.-C.
Antimoine	v. 1000 av. J.-C.

ÉLÉMENTS ARTIFICIELS		
ÉLÉMENT	Année de création	CRÉATEUR
Technétium	1937	C. Perrier (France) et E. Segré (Italie,USA)
Astate	1940	D.-R. Corson (USA)
Neptunium	1940	E.-M. McMillan et P.-H. Abelson (USA)
Plutonium	1944	G. Seaborg (USA)
Américium	1944	G. Seaborg (USA)
Curium	1944	G. Seaborg (USA)
Prométhium	1947	J.-A. Marinsky (USA)
Berkélium	1949	S.-G. Thompson (USA)
Californium	1950	S.-G. Thompson et autres (USA)
Einsteinium	1952	A. Ghiorso (USA)
Fermium	1952	A. Ghiorso (USA)
Mendélévium	1955	A. Ghiorso (USA)
Nobelium	1958	A. Ghiorso (USA)
Lawrencium	1961	A. Ghiorso (USA)
Unnilquadium	1964	G. Flerov (URSS)
Unnilpentium	1967	A. Ghiorso (USA)
Unnilhexium	1974	A. Ghiorso (USA), G. Flerov (URSS)
Unnilseptium	1976	G. Munzenburg (Allemagne)
Unnilennium	1982	P. Armbruster (Allemagne)
Unniloctium	1984	P. Armbruster (Allemagne)

POINTS DE FUSION ET DE VAPORISATION

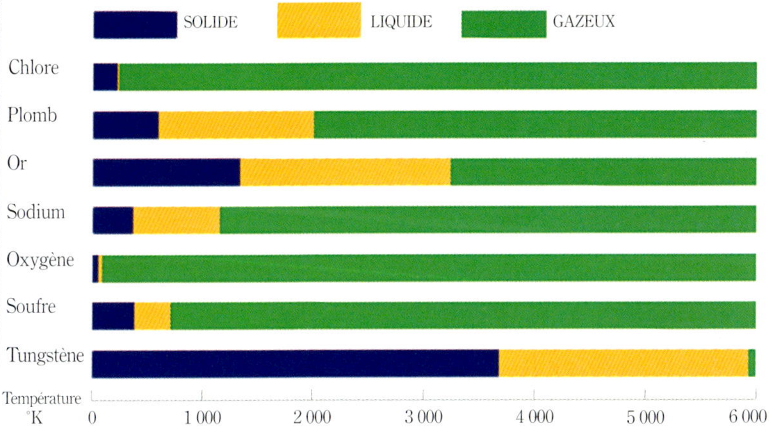

NOMS DES ÉLÉMENTS

De nombreux éléments tirent leur nom de mots grecs dont le sens donne des indices sur leurs propriétés.

ÉLÉMENT ET SYMBOLE	NOM GREC	SENS
Argon (Ar)	*Argos*	Inerte
Astate (At)	*Astatos*	Instable
Baryum (Ba)	*Barys*	Lourd
Brome (Br)	*Bromos*	Puanteur
Chlore (Cl)	*Chloros*	Vert pâle
Dysprosium (Dy)	*Dysprositos*	Difficile à obtenir
Hydrogène (H)	*Hydro genes*	Qui engendre l'eau
Mercure (Hg)	*Hydragyrum*	Liquide argenté
Phosphore (P)	*Phosphoros*	Lumineux
Technétium (Tc)	*Tekhnetos*	Artificiel

LE SAVIEZ-VOUS ?

- L'hélium possède le point de vaporisation le plus bas : - 268,93 °C
- L'élément le plus réactif est le fluor.
- À température ambiante, l'osmium est l'élément le plus dense, le lithium le moins dense ; le radon est le gaz le plus dense, l'hydrogène le moins dense.

SOUFRE

LES MÉTAUX

La plupart des éléments sont des métaux. Combinés avec d'autres éléments, beaucoup sont présents dans la croûte terrestre sous forme de minerais. Les métaux purs sont souvent peu résistants et aisément oxydables ; c'est pourquoi la plupart des métaux utilisés aujourd'hui sont des combinaisons métalliques appelées alliages. Les alliages sont très résistants.

Le maréchal-ferrant martèle le fer.

PROPRIÉTÉS DES ÉLÉMENTS MÉTALLIQUES

- Les métaux ont des points de fusion et de vaporisation élevés.
- Ce sont de bon conducteurs de la chaleur et de l'électricité.
- Ils ont une densité élevée. Ils sont malléables (peuvent être déformés) et ductiles (étirables en fils).
- La plupart s'oxydent au contact de l'air et produisent de l'hydrogène en milieu acide.
- Les métaux donnent des ions positifs.

ALLIAGES

ALLIAGES

La combinaison d'un métal avec un autre élément, métallique ou non-métallique, peut produire un alliage résistant. L'élément rapporté renforce la structure atomique du métal pour donner un matériau plus performant.

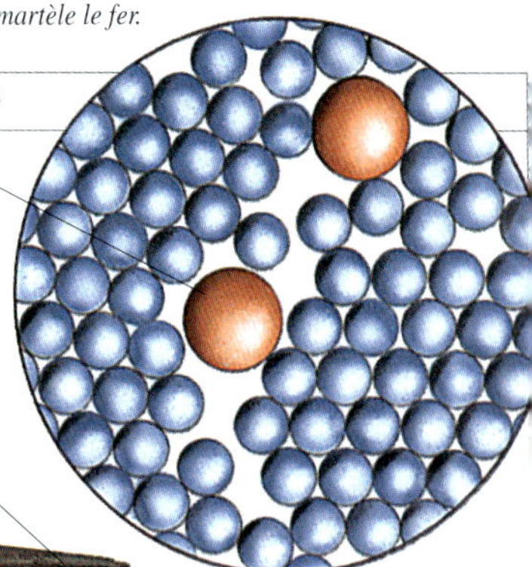

Atomes rapportés

STRUCTURE D'UN ALLIAGE

Pointe de lance en bronze

MÉTAUX COURANTS

ALLIAGE	COMPOSITION	PROPRIÉTÉS
Fonte	97 % fer, 3 % carbone	Dur mais cassant
Duralumin	96 % aluminium, 4 % cuivre	Solide et léger
Potin	73 % étain, 27 % plomb	Tendre
Laiton	70 % cuivre, 30 % zinc	Se plie facilement
Soudure	50 % étain, 50 % plomb	Point de fusion peu élevé
Acier inoxydable	70 % fer, 20 % chrome, 9,5 % nickel, 0,5 % carbone	Dur, résistant à la corrosion
Bronze	70 % cuivre, 30 % étain	Résistant et inoxydable

MÉTAUX PAUVRES

Certaines conserves sont en acier recouvert d'étain.

Chope en potin, alliage d'étain et de plomb

Les métaux faibles sont : aluminium, gallium, thallium, étain, plomb, bismuth et polonium. Ils sont plus tendres et moins résistants que les autres métaux et ont un point de fusion moins élevé. Ces métaux dits "pauvres" sont très utiles dans la fabrication d'alliages.

SEMI-MÉTAUX

Les semi-métaux, bore, silicium, germanium, arsenic, antimoine, sélénium et tellure, possèdent des propriétés propres aux métaux et aux non-métaux. Le silicium et le germanium sont des semi-conducteurs (ils ne conduisent l'électricité que dans certaines conditions) utilisés dans la fabrication de composants électroniques.

Circuits électriques sur une plaquette de silicium

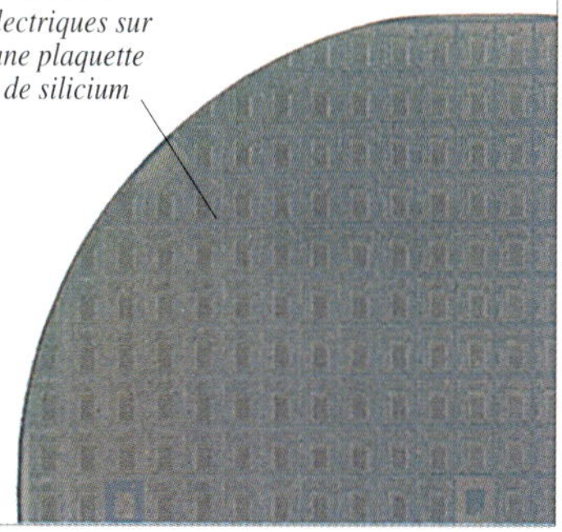

Les métaux de transition

Ce groupe particulier de métaux se trouve dans la partie centrale du tableau périodique. Ils sont moins réactifs que les métaux alcalins ou alcalino-terreux et possèdent des points de fusion et de vaporisation plus élevés. Certains, tels que le cuivre et le nickel, ont des propriétés magnétiques.

Zinc

L'enveloppe d'une pile électrique est souvent constituée de ce métal gris-bleu. Le zinc est également employé en plaquage pour protéger le fer ou l'acier de l'oxydation. Combiné au cuivre, il donne naissance au bronze. Les oxydes de zinc sont utiles pour la stabilisation des mélanges de caoutchouc et de plastique.

Propriétés des métaux de transition

- Ils figurent au centre du tableau périodique.
- Ils sont durs et denses.
- Ce sont de bons conducteurs de la chaleur et de l'électricité.
- Beaucoup sont de bons catalyseurs.
- Ils forment souvent des composés colorés.
- Ils sont combinés avec d'autres éléments métalliques pour la fabrication d'alliages.

Nickel

Ce métal brillant est inoxydable et ne ternit pas. Combiné au cuivre il donne naissance au cupro-nickel, utilisé dans la fabrication des pièces de monnaie. Il est également associé au chrome, au carbone et au fer pour produire l'acier inoxydable.

Argent

Métal essentiel en joaillerie, l'argent est également utilisé dans l'industrie photographique. Associé à l'iode, au chlore ou au brome, il forme une pellicule sensible à la lumière qui recouvre les pellicules photographiques noir et blanc.

Le développeme transforme en argent les zones de la pellicule touchées par la lumière ; ce sont les parties foncées du négatif

FER

C'est le métal le plus économique et le plus répandu. Le fer est oxydable ; il entre en réaction avec l'oxygène contenu dans l'air et se couvre de rouille (oxyde de fer). Pour remédier à cet inconvénient, on emploie le fer sous forme d'alliages tels que l'acier.

PLATINE

Résistant et inoxydable, ce métal précieux est utilisé en joaillerie et en électronique, notamment pour la fabrication de circuits intégrés, ou dans l'industrie comme catalyseur.

MÉTAUX MAGNÉTIQUES

Le fer, le cobalt et le nickel sont les seuls métaux de transition dotés de propriétés magnétiques. L'attraction exercée par un électroaimant peut être activée ou désactivée par le biais d'un courant électrique.

LANTHANIDES ET ACTINIDES

- Ils forment deux groupes distincts parmi les métaux de transition.
- Ils tirent leurs noms des éléments placés en tête de groupe : lanthane et actinium.
- Les lanthanides sont presque semblables ; il est difficile de les discerner entre eux.
- Les actinides sont tous radioactifs.

URANIUM

Métal argenté radioactif du groupe des actinides, l'uranium est extrait des minerais de carnotite et de pechblende. L'isotope uranium 235 est utilisé comme combustible dans les centrales nucléaires.

L'uranium est emprisonné dans du magnox, alliage d'aluminium et de magnésium.

BARREAUX DE COMBUSTIBLE D'UN RÉACTEUR NUCLÉAIRE

Pastille de combustible (dioxyde d'uranium)

Les métaux alcalins et alcalino-terreux

Ces deux groupes de métaux hautement réactifs sont placés au début du tableau périodique. Présents à petites doses, certains de ces éléments, potassium, sodium, magnésium ou calcium, sont nécessaires à l'équilibre de notre organisme. Ces groupes comprennent deux métaux radioactifs : le francium et le radium.

Métaux dangereux

Les métaux alcalins sont extrêmement réactifs. Le potassium réagit de manière spectaculaire au contact de l'eau ; il s'agite sur la surface en produisant des bulles d'hydrogène qui donnent des flammes bleu-rose. Dans les mêmes conditions, césium et rubidium produisent des réactions explosives.

Le potassium réagit violemment au contact de l'eau.

Propriétés des métaux alcalins

- Cette famille regroupe lithium, francium, potassium, rubidium, sodium et caesium.
- Ils forment la famille I du tableau périodique.
- Ils sont assez tendres pour être entaillés avec un couteau.
- Pour éviter leur réaction au contact de l'air, on les entrepose dans un bain d'huile.
- Leurs oxydes et leurs hydroxydes se dissolvent dans l'eau pour former de puissantes solutions alcalines.
- Ils forment des ions dotés d'une seule charge.
- Combinés avec certains éléments non-métalliques, ils produisent des cristaux solubles de couleur blanche.
- Points de fusion et de vaporisation très bas.
- Moins dense que les autres métaux.

Engrais potassiques

Le potassium est un élément vital pour la croissance des plantes. Pour compenser l'appauvrissement du sol lié à la culture intensive, les agriculteurs épandent des engrais contenant du potassium et d'autres nitrates.

Sodium

C'est un métal alcalin tendre de couleur argenté qui ternit lorsqu'il est exposé à l'air. Le sodium, dont les atomes possèdent 11 électrons, mais un seul sur la dernière couche électronique, est très instable. Il est obtenu par électrolyse à partir du sel.

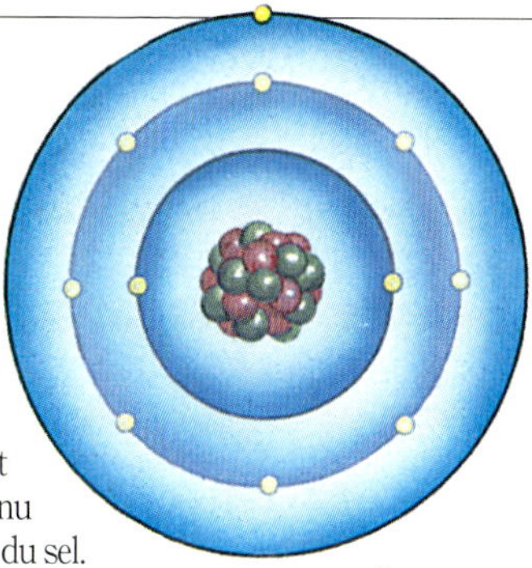

STRUCTURE ATOMIQUE DU SODIUM

Propriétés des métaux alcalino-terreux

- La famille des métaux alcalino-terreux regroupe béryllium, magnésium, calcium, strontium, baryum et radium.
- Ils forment la famille II du tableau périodique.
- Ils entrent en réaction avec l'eau pour produire des solutions alcalines.
- Ils sont moins réactifs que les métaux alcalins.

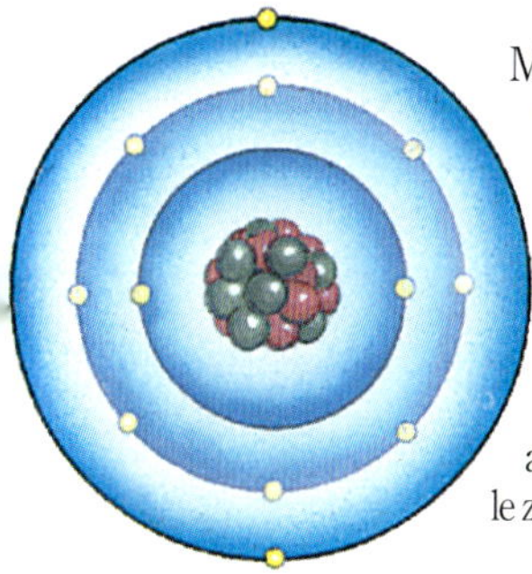

STRUCTURE ATOMIQUE DU MAGNÉSIUM

Magnésium

Un atome de magnésium a 12 électrons, dont 2 seuls sur la dernière couche électronique. Cette disposition le rend moins réactif que le sodium. Léger, on l'utilise dans des alliages avec l'aluminium et le zinc.

Calcium

Il compte parmi les métaux les plus abondants sur notre planète. On le trouve dans la croûte terrestre sous forme de calcaire (carbonate de calcium). Il entre dans la composition des os, des dents, et des coquilles de nombreuses créatures marines, dont les mollusques. Le corps humain contient 1 kg de calcium.

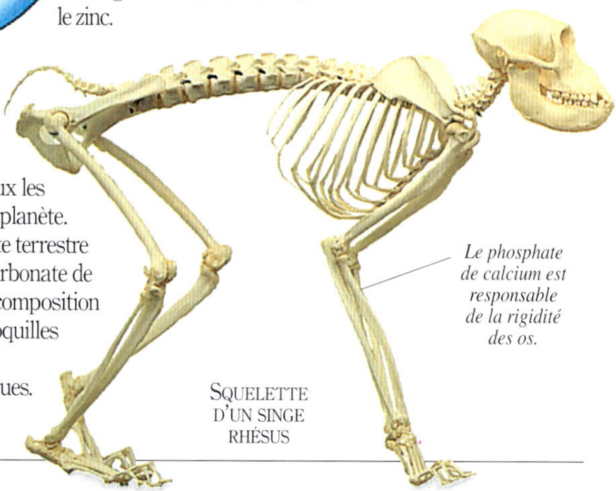

Le phosphate de calcium est responsable de la rigidité des os.

SQUELETTE D'UN SINGE RHÉSUS

Les non-métaux

La classe des non-métaux regroupe le phosphore, le soufre, l'hydrogène, l'azote, l'oxygène, les halogènes et les gaz inertes. Bien qu'ils n'occupent qu'une petite portion du tableau périodique, ces éléments sont essentiels pour la vie sur notre planète. Parmi les non-métaux gazeux à 20 °C, on trouve l'hydrogène et l'oxygène. Le soufre et le phosphore font partie des non-métaux solides.

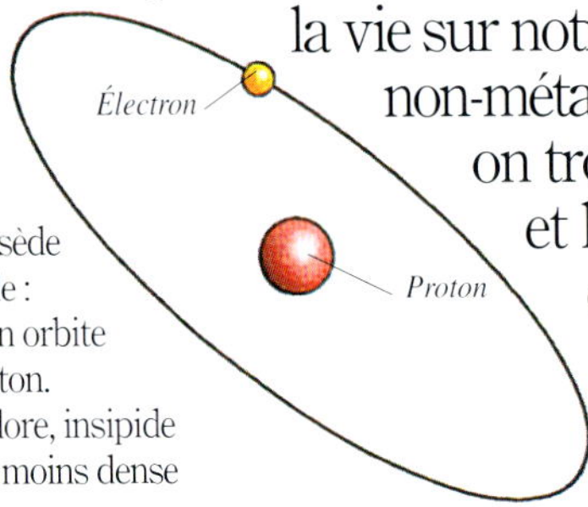

HYDROGÈNE
Il est placé en tête de la classification périodique car il possède l'atome le plus simple : un électron unique en orbite autour d'un seul proton. Ce gaz incolore, inodore, insipide et non toxique est le moins dense de tous les éléments.

Halogènes

- La famille des halogènes regroupe le fluor, le chlore, le brome, l'iode et l'astate.
- Ils constituent la famille VII du tableau périodique.
- Ils sont toxiques et fortement odorants.
- Les molécules des halogènes sont constituées de deux atomes (Cl_2, Br_2, I_2, etc.).
- Associés à des métaux, ils produisent des sels (NaCl, LiF, etc.).
- Les ions ont une seule charge négative (F^-, Cl^-, Br^-, I^-, At^-).

HALOGÈNES DANS LA NATURE
La substance naturelle la plus courante contenant du fluor est un minéral : la fluorine (fluorure de calcium). L'iode est présente dans l'eau de mer ; elle était autrefois extraite de certaines algues.

Cristal de fluorine de couleur rose

La laminaire (algue) contient de l'iode.

GAZ INERTES

- La famille des gaz inertes regroupe le néon, l'argon, le krypton, le xénon et le radon.
- Ils constituent la famille 0 du tableau périodique.
- Les points de fusion et de vaporisation des gaz inertes sont très bas.
- Ils possèdent tous une dernière couche électronique complète ; c'est pourquoi ils sont très stables.
- Ils sont formés d'atomes simples (He, Ne, Ar, Kr, Xe, Rn).

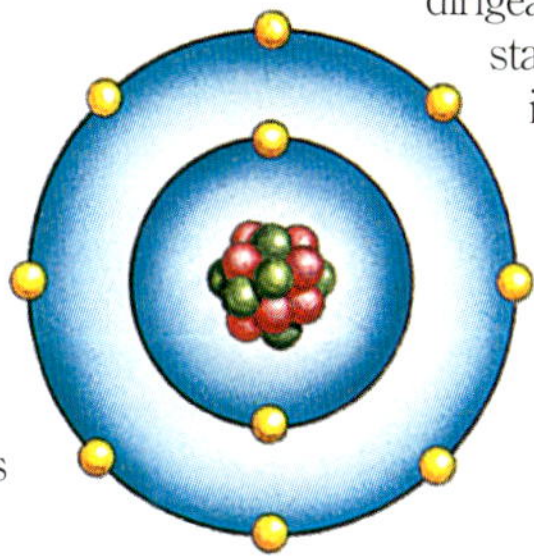

STRUCTURE ATOMIQUE DU NÉON

UN GAZ SANS DANGER
L'hélium est un gaz léger utilisé pour le gonflage des ballons et des dirigeables. Sa stabilité le rend ininflammable et sans danger. L'hélium est extrait à partir de gisements naturels.

Ballons gonflés à l'hélium

MACHAON

CARBONE
Il préside à toute forme de vie sur terre. Associé à d'autres éléments, il détermine le fonctionnement des cellules vivantes. Il circule à travers l'air, les océans, les roches et toutes les matières vivantes.

COMPOSITION DE L'AIR

De nombreux éléments non-métalliques sont présents dans l'air que nous respirons.

ÉLÉMENT	POURCENTAGE DANS L'AIR
Azote (N_2)	78 %
Oxygène (O_2)	21 %
Argon (Ar)	0,93 %
Dioxyde de carbone (CO_2)	0,03 %
Néon (Ne)	0,0018 %
Hélium (He)	0,0005 %
Krypton (Kr)	0,00001 %
Autres gaz	0,03769 %

TRANSFORMATIONS CHIMIQUES

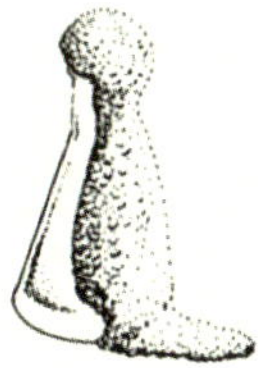

Les réactions chimiques

Au cours d'une réaction chimique, les substances mises en présence (ou réactifs) disparaissent pour donner naissance à des substances nouvelles (les produits). Les atomes des réactifs se combinent entre eux pour former les molécules des produits.

La bûche libère de la chaleur ; l'air ambiant se réchauffe.

Réactions exothermiques

Une réaction est exothermique quand elle libère de la chaleur. La réaction d'une substance avec l'oxygène de l'air donne lieu à une oxydation. La combustion du bois est une réaction d'oxydation exothermique.

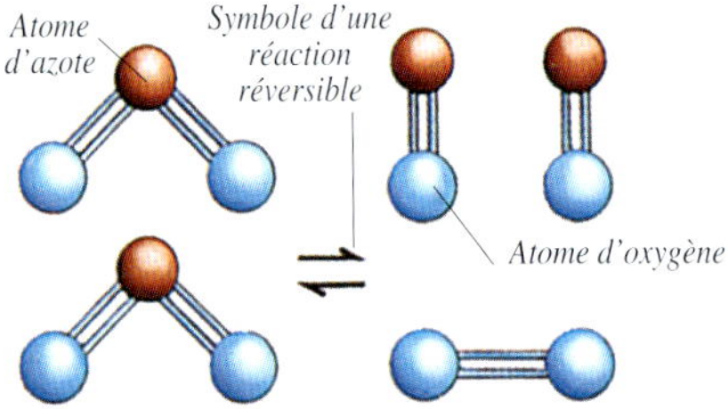

Molécules de dioxyde d'azote — Molécules de monoxyde d'azote et d'oxygène

Réactions réversibles : une réaction est réversible quand elle peut intervenir dans les deux sens. Chauffé, le dioxyde d'azote se décompose en monoxyde d'azote (NO) et en oxygène (O_2) ; si l'on refroidit ces deux produits, la substance d'origine se reconstitue.

Dioxyde d'azote — Monoxyde d'azote et oxygène

La chaleur est absorbée pendant la cuisson.

Réactions endothermiques

On dit qu'une réaction est endothermique quand elle absorbe plus de chaleur qu'elle n'en libère. La cuisson des aliments est due à une réaction endothermique.

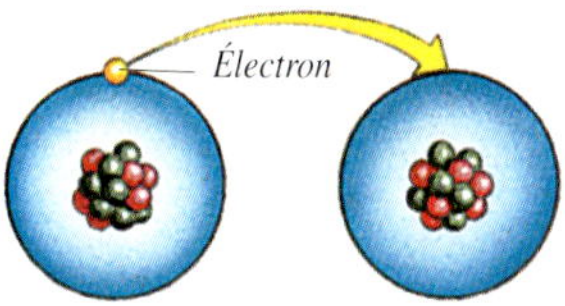

Transfert d'électrons

Durant l'oxydation, les atomes perdent des électrons ; ils sont oxydés. Durant la réduction, les atomes gagnent des électrons ; ils sont réduits.

Énergie d'activation

La plupart des réactions sont favorisées par un apport initial d'énergie appelé énergie d'activation. L'énergie dégagée par le frottement enflamme l'allumette.

Réaction chimique et liaisons atomiques

1 Pendant une réaction chimique : l'énergie est emmagasinée lorsque les liaisons atomiques existantes se brisent ; elle est libérée lorsque les nouvelles liaisons sont formées. En brûlant, le méthane (CH_4) entre en réaction avec l'oxygène de l'air (O_2).

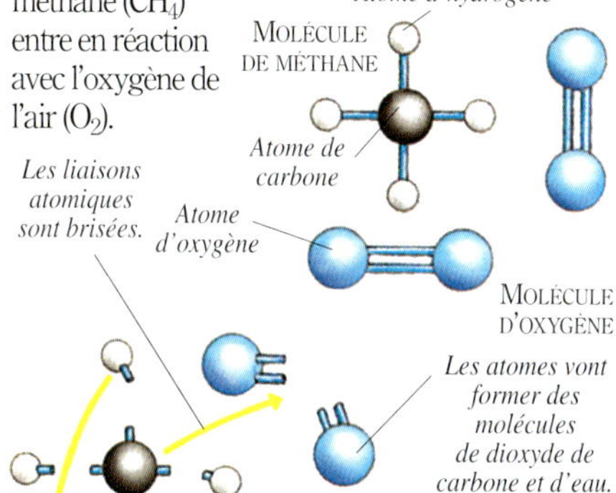

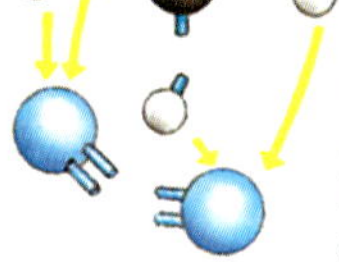

2 Rupture des liaisons : durant la réaction, les liaisons atomiques existantes sont brisées ; les atomes s'associent en des combinaisons différentes par le biais de liaisons nouvelles.

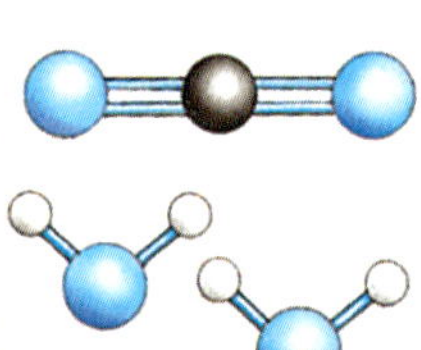

3 Formation des liaisons nouvelles : la réaction produit du dioxyde de carbone (CO_2) et de l'eau (H_2O). La formation de nouvelles liaisons s'accompagne d'un dégagement de chaleur.

Décrire les réactions

Chaque élément est identifié par un symbole chimique et chaque composé par une formule. La formule chimique indique de quelle façon sont combinés les éléments dans le composé. Une équation chimique présente les substances entrant en réaction et les produits obtenus.

Solution de nitrate de plomb

Solution d'iodure de potassium

Un précipité jaune d'iodure de plomb se forme.

ÉQUATION CHIMIQUE

Durant une réaction chimique, le nombre initial d'atome mis en présence est conservé. C'est pourquoi une équation chimique est équilibrée ; elle présente toujours le même nombre d'atomes par élément dans chaque membre. Ci-contre, une solution de nitrate de plomb entre en réaction avec une solution d'iodure de potassium (équation chimique ci-dessous).

$$2KI + Pb(NO_3)_2 \longrightarrow PbI_2 + 2KNO_3$$

iodure de potassium + *nitrate de plomb* ⟶ *iodure de plomb* + *nitrate de potassium*

Le sodium réagit violemment au contact de l'air.

LE SAVIEZ-VOUS ?

- En 1774, le chimiste français Lavoisier mit en évidence la conservation de la masse dans une réaction chimique.
- Le césium est l'élément métallique le plus réactif.
- La représentation symbolique actuelle des éléments fut adoptée en 1811.

ÉCHELLE DE RÉACTIVITÉ

Elle compare la réactivité de différents métaux, c'est-à-dire leur capacité à entrer en réaction avec d'autres substances. Les éléments placés en haut de l'échelle sont hautement réactifs ; ceux placés en bas sont les plus stables. Les métaux hautement réactifs n'existent pas à l'état élémentaire dans la nature.

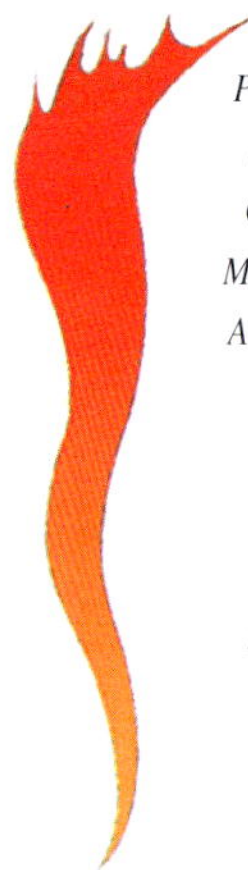

Potassium
Sodium
Calcium
Magnésium
Aluminium
Zinc
Fer
Plomb
Cuivre
Mercure
Argent
Platine
Or

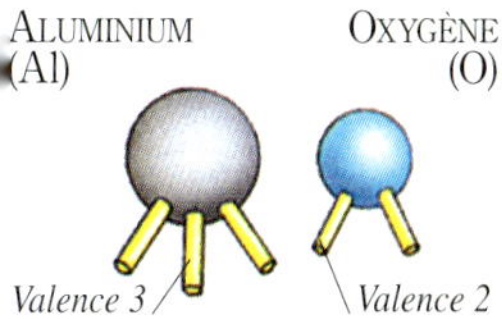

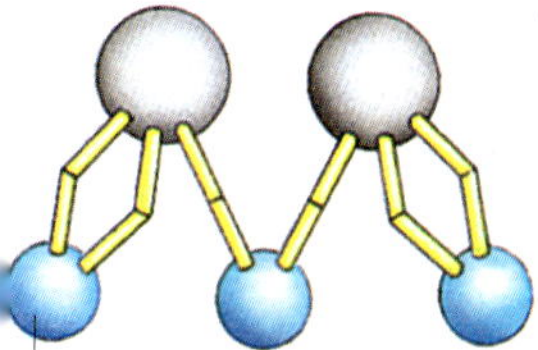
OXYDE D'ALUMINIUM (Al_2O_3)

2 atomes d'aluminium sont associés à 3 atomes d'oxygène.

VALENCE

La valence est le nombre de liaisons chimiques pouvant être établies par un atome. Elle correspond au nombre d'électrons gagnés, partagés ou perdus par celui-ci. Dans un composé, les sommes des valences des atomes de chaque élément sont égales.

SUBSTITUTION

Un métal placé dans une solution contenant un élément métallique moins réactif que lui, va tendre, par réaction, à prendre sa place. Ici, les atomes de ce fil de cuivre chassent les atomes d'argent d'une solution incolore de nitrate d'argent. Le cuivre bleuit la solution ; les atomes d'argent se fixent en cristaux sur le fil de cuivre.

Cristaux de cuivre sur le fil de cuivre

Une solution bleue se forme.

$$Cu + 2AgNO_3 \longrightarrow Cu(NO_3)_2 + 2Ag$$

Cuivre + nitrate d'argent ⟶ nitrate de cuivre + argent

UNITÉ S. I.

La **mole** est l'unité S.I. de quantité de matière. Elle correspond au nombre d'atomes contenus dans 0,012 kg de carbone 12.

• Une mole contient toujours $6{,}022 \times 10^{23}$ entités élémentaires. Cette constante est appelée nombre d'Avogadro, du nom du chimiste italien Amedeo Avogadro.

• La masse molaire d'une substance varie en fonction de la taille des entités qui la composent. Ainsi, la masse d'une mole de cuivre est de 64 g, celle d'une mole d'aluminium de 27 g.

PRÉFIXES ET SUFFIXES

SUFFIXE	CARACTÉRISTIQUE	EXEMPLE
-ure	Contient juste les 2 éléments indiqués par le nom du composé	Sulfure de fer (FeS)
-ite	Contient 2 éléments indiqués par le nom du composé , + de l'oxygène	Sulfite de fer ($FeSO_3$)
-ate	Contient plus d'oxygène qu'un sulfite	Sulfate de fer ($FeSO_4$)
PRÉFIXE	EXEMPLE	NOMBRE D'ATOMES
Mono-	Monoxyde de carbone (CO)	1
Di-	Dioxyde d'azote (NO_2)	2
Tri-	Trichlorure de bore (BCl_3)	3

Contrôler les réactions

Les scientifiques accélèrent les réactions chimiques en amplifiant l'énergie et la fréquence des collisions entre les réactifs. Certains corps ont la particularité de favoriser les réactions d'autres substances entre elles, sans être eux-mêmes altérés ; ce sont des catalyseurs.

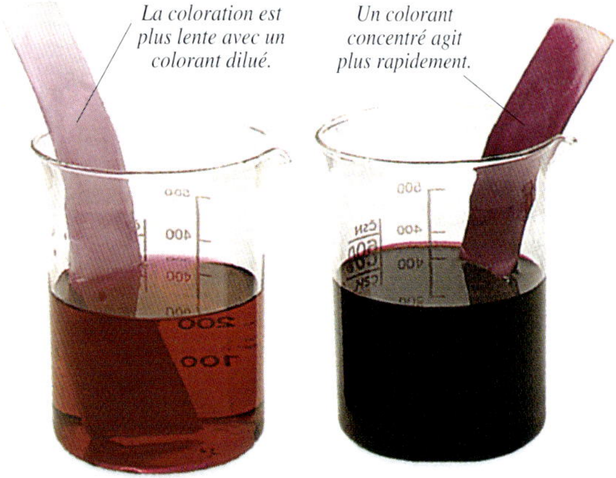

Concentration

En augmentant la masse de substance dans une solution (concentration), on accélère la réaction. Les molécules entrant en réaction sont plus nombreuses.

Aire

L'aire d'un corps solide est la surface totale de son enveloppe externe. En augmentant l'aire d'une substance réactive, on accroît la rapidité de la réaction chimique. C'est pourquoi les frites cuisent plus rapidement que les pommes de terre ; leurs surfaces importantes entrent plus facilement en réaction avec l'huile chaude.

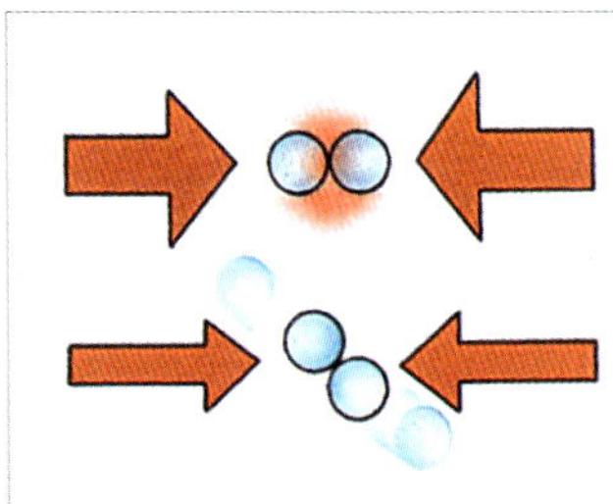

Collisions

Lorsque les entités élémentaires de deux substances entrent en collision avec suffisamment d'énergie, les liaisons atomiques les constituant se brisent ; une réaction chimique peut alors intervenir.

Catalyseurs dans l'industrie		
Processus	**Réactifs**	**Catalyseurs**
Fabrication de l'ammoniaque	Hydrogène et azote	Fer et oxyde de fer (III)
Fabrication de l'acide nitrique	Ammoniaque et oxygène	Platine
Fabrication de l'acide sulfurique	Dioxyde de soufre et oxygène	Oxyde de vanadium (V)
Fabrication de la margarine	Huile végétale et hydrogène	Nickel ou platine
Fabrication du méthanol	Méthane et oxygène	Oxyde de chrome (III) ou oxyde de zinc

Le sucre agit comme un catalyseur.

Le sucre

Plongé dans une boisson gazeuse, il en augmente les émissions gazeuses : il accélère l'expulsion du dioxyde de carbone.

Convertisseur catalytique

Le convertisseur catalytique utilise une réaction chimique pour transformer une partie des gaz d'échappement d'une voiture en gaz non polluants et en vapeur d'eau. Le rhodium et le platine, les catalyseurs, favorisent la réaction sans être eux-mêmes altérés.

Convertisseur catalytique

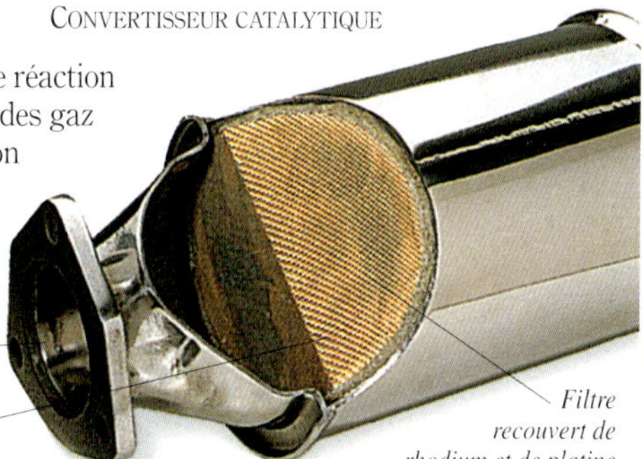

Les gaz d'échappement entrent dans le convertisseur.

La structure en nid d'abeille offre une grande surface de réaction.

Filtre recouvert de rhodium et de platine

Les bulles de gaz font lever la pâte.

La pâte à pain est conservée au chaud.

Levure

Catalyseurs naturels

Les levures sont des champignons dont les enzymes, agissant comme des catalyseurs naturels, favorisent la décomposition des sucres et des amidons en dioxyde de carbone et en éthanol. La levure est utilisée en boulangerie.

Le saviez-vous ?

- Une augmentation de la température ou de la pression accélère une réaction chimique.
- Le corps humain contient plus de 1 000 enzymes distincts.
- Exposés au soleil, les plastiques biodégradables se décomposent plus vite.

ACIDES, BASES ET pH

Les acides forts sont corrosifs et peuvent brûler les vêtements ou la peau ; certains peuvent même dissoudre les métaux. Pourtant les acides sont présents dans les fruits, les fourmis, la pluie et même dans notre estomac.

Cette étiquette signale le pouvoir corrosif d'un acide.

L'acide chlorhydrique est versé sur le zinc.

La réaction produite libère de l'hydrogène.

Grenaille de zinc

ACIDE ET MÉTAL

Une solution d'acide chlorhydrique versée sur de la grenaille de zinc libère de l'hydrogène (présent dans tous les acides). Le zinc remplace l'hydrogène et forme du chlorure de zinc.

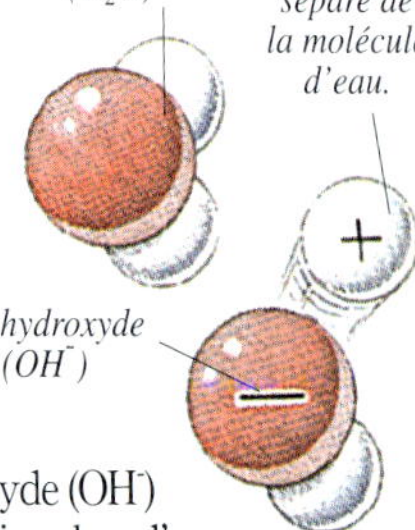

Molécule d'eau (H_2O)

L'ion hydronium (H^+) se sépare de la molécule d'eau.

Ion hydroxyde (OH^-)

ACIDES DANS L'EAU

L'eau (H_2O) peut se décomposer en ions hydroxyde (OH^-) et hydronium (H^+). En solution dans l'eau, les acides augmentent la quantité d'ions H^+. Le pH est la mesure de la concentration en ions H^+.

QUELQUES ACIDES COMMUNS

Acide	Formule	Force	pH	Présence ou utilisation
Chlorhydrique	HCl	Forte	1	Système digestif humain
Sulfurique	H_2SO_4	Forte	1–2	Batteries automobiles
Nitrique	HNO_3	Forte	1	Chimie industrielle
Acétique	CH_3COOH	Faible	3–4	Vinaigre
Citrique	$C_6H_8O_7$	Faible	3	Agrumes
Formique	$HCOOH$	Faible	4.5	Fourmis, orties
Carbonique	H_2CO_3	Faible	4–5	Eau de pluie, boissons gazeuses

INDICATEUR COLORÉ UNIVERSEL/pH DES ACIDES						
1	2	3	4	5	6	7
Sucs digestifs	Liquide de batterie automobile	Jus de citron	Vinaigre	Pluie acide	Eau du robinet	Eau pure

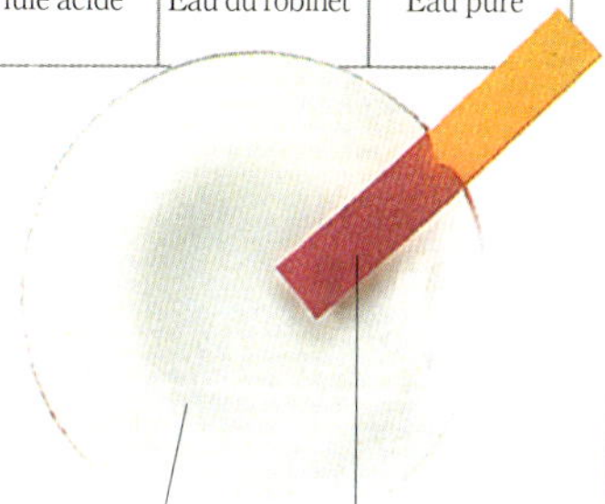

MESURE DE L'ACIDITÉ

L'échelle numérique de pH permet de comparer l'acidité ou la basicité des solutions. Un pH de 1 indique une forte acidité, un pH de 14 une forte basicité ; une solution ayant un pH de 7 est dite neutre. Le pH d'une solution est mesuré à partir des variations de couleur d'un papier indicateur, ou par un pH-mètre.

PLUIES ACIDES

L'eau de pluie contient naturellement de l'acide carbonique. À celui-ci s'ajoutent parfois les acides sulfurique et nitrique générés par la pollution, qui provoque l'érosion des monuments et ravage les arbres et la vie aquatique.

UTILISATION DE L'ACIDE SULFURIQUE

Cet acide est fréquemment utilisé dans l'industrie car il réagit spontanément avec tous les autres composés. Il est produit en grande quantité à partir du soufre et de l'oxygène.

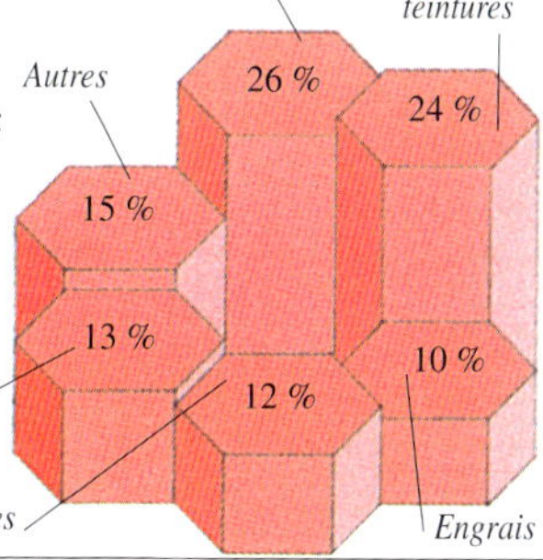

LE SAVIEZ-VOUS ?

- Le pH ou "potentiel hydrogène" indique la quantité d'ions hydronium que peut donner une substance.
- Le mot acide vient du latin *acer* : "piquant".
- Les brûlures d'estomac sont causées par un excès d'acide chlorhydrique.

Bases, sels et alcalis

Les bases sont des substances capables de neutraliser l'acidité. La réaction d'une base avec un acide provoque une formation de sels et d'eau (H_2O). L'eau pure est neutre ; elle n'est ni acide ni basique. Les alcalis sont des bases solubles dans l'eau.

ABEILLE

GUÊPE

PIQÛRES D'ABEILLE ET DE GUÊPE

Le venin acide d'une abeille peut être neutralisé par un alcali faible tel le bicarbonate de soude ou le savon. Le venin d'une guêpe est basique ; il peut être neutralisé par un acide faible tel que le vinaigre.

AMMONIAQUE

Les engrais azotés sont fabriqués à partir d'un alcali : l'ammoniac (NH_3). L'ammoniac est produit par le procédé Haber, qui fait entrer en réaction de l'azote et de l'hydrogène.

UTILISATION DE L'AMMONIAC

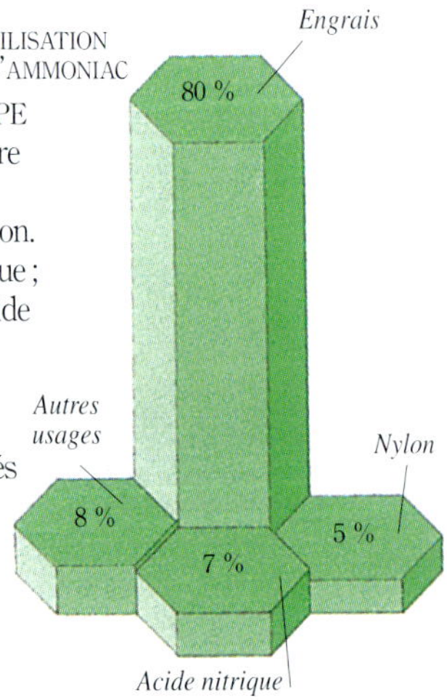

QUELQUES BASES COMMUNES				
BASE	FORMULE	CAUSTICITÉ	pH	PRÉSENCE OU UTILISATION
Hydroxyde de sodium	$NaOH$	Forte	14	Fabrication du savon
Hydroxyde de calcium	$Ca(OH)_2$	Forte	12	Traitement des sols acides
Hydroxyde d'ammonium	NH_4OH	Faible	10–11	Produits ménagers liquides
Lactate de magnésium	$Mg(OH)_2$	Faible	10	Traitement des brûlures
Bicarbonate de sodium	$NaHCO_3$	Faible	8–9	Bicarbonate de soude
Sang		Faible	7,4	Corps humain

Indicateur coloré universel/pH des bases							
7	8	9	10	11	12	13	14
Eau pure	Savon	Bicarbonate de soude	Désinfectants	Nettoyants ménagers	Hydroxyde de calcium	Nettoyants pour four	Hydroxyde de sodium

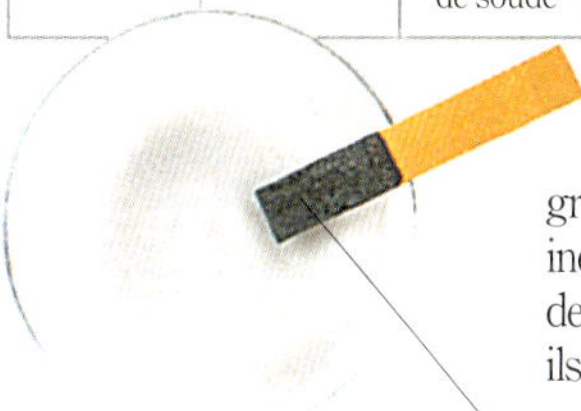

PH DES BASES

L'échelle numérique du pH des bases comprend huit graduations (7 à 14). Un pH de 14 (hydroxyde de sodium) indique une forte basicité. Les savons sont fabriqués à partir de réaction d'acides organiques faibles avec des bases fortes ; ils présentent un pH de 8–9 et sont moyennement basiques.

Ce papier indicateur placé dans de l'hydroxyde de calcium indique un pH de 12.

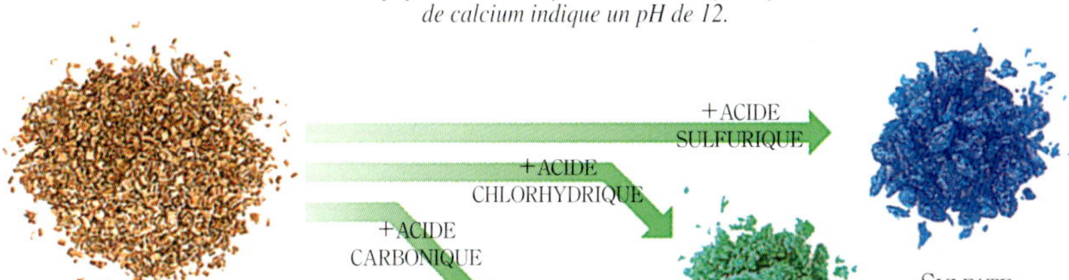

ROGNURES DE CUIVRE

SULFATE DE CUIVRE

CHLORURE DE CUIVRE

CARBONATE DE CUIVRE

SELS

Les sels sont des combinaisons de métaux et de non-métaux associés par des liaisons ioniques. Ils sont produits par la réaction d'un acide avec une base ou un métal. Combiné avec différents acides, le cuivre donne naissance à plusieurs variétés de sels.

DANGER !

Les bases sont chimiquement opposées aux acides. Pourtant, dissoutes dans l'eau, elles forment des ions hydroxyde (OH^-) qui les rendent aussi corrosives que ceux-ci.

LE SAVIEZ-VOUS ?

- Le chimiste allemand Fritz Haber mit au point le procédé de synthèse de l'ammoniac en 1908.
- Comme les acides, les alcalis sont de bons conducteurs de l'électricité. Ils se décomposent dans l'eau en formant des ions.

LA CHIMIE DU CARBONE

On connaît à ce jour plus de 10 millions de composés du carbone. Cet élément fondamental est présent dans toutes les matières vivantes. L'étude des substances contenant du carbone est appelée la chimie organique.

LE CARBONE EST PARTOUT

Les atomes de carbone s'associent facilement aux atomes des autres éléments et forment avec ceux-ci des liaisons solides ; c'est pourquoi les composés du carbone sont si nombreux.

PRODUITS PÉTROLIERS

Le pétrole brut est un mélange d'hydrocarbures qui peuvent être isolés par un procédé appelé distillation fractionnée. En chauffant le pétrole, les composants se vaporisent et pénètrent dans une colonne de distillation. Le mélange de vapeur se refroidit en s'élevant ; les composants se liquéfient tour à tour à différentes températures.

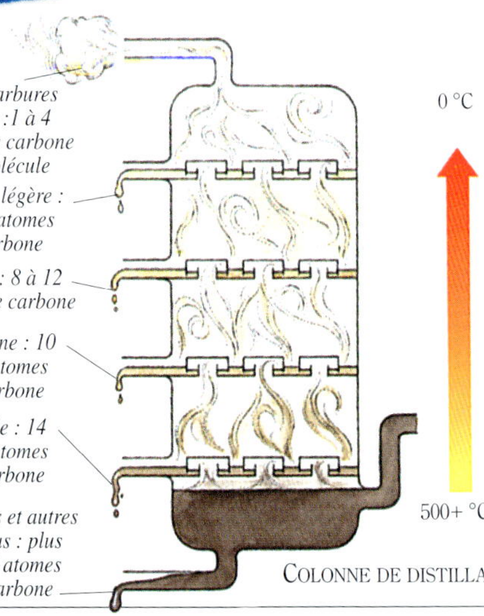

COLONNE DE DISTILLATION

▶▶| www.ac-creteil.fr/Louise/dossiers/mendele/carbone.htm

• La fiche d'identité du carbone.

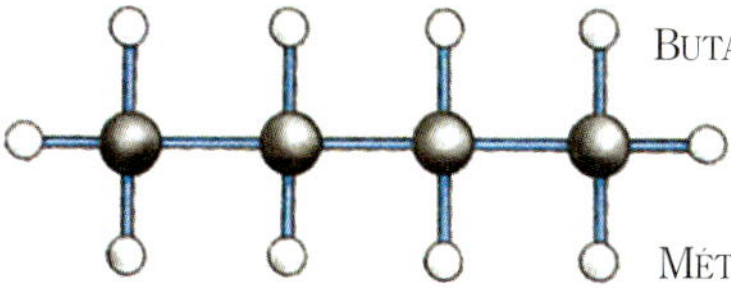

BUTANE

MÉTHYL-2-PROPANE

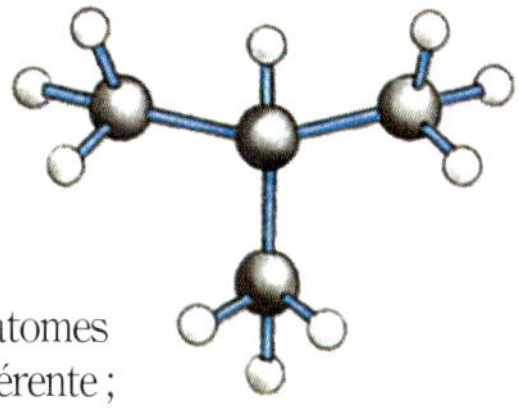

ISOMÈRES

Le butane et le méthyl-2-propane présentent la même formule moléculaire (C_4H_{10}) mais n'ont pas les mêmes propriétés car leurs atomes sont assemblés de façon différente ; ce sont des isomères.

COMPOSÉS AROMATIQUES

Le benzène est un liquide odorant obtenu à partir des houilles. Sa structure moléculaire, 6 atomes de carbone en hexagone, permet la formation de nombreux dérivés aromatiques.

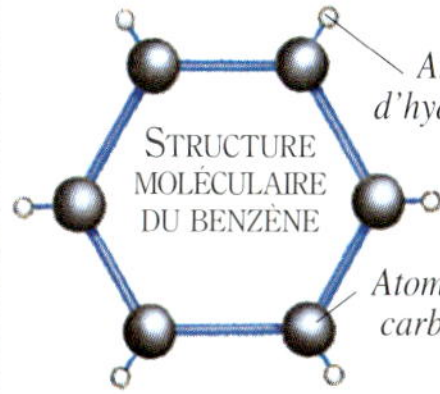

QUELQUES COMPOSÉS ORGANIQUES		
DÉNOMINATION	DÉFINITION	EXEMPLE
Hydrocarbure	Composé organique formé exclusivement à partir d'atomes de carbone et d'hydrogène.	Méthane (CH_4)
Composé aromatique	Composé organique dont la molécule intègre un hexagone de six atomes de carbone.	Benzène (C_6H_6)
Composé aliphatique	Composé organique dont la molécule intègre une chaîne carbonée.	Éthane (C_2H_6)
Alcane	Hydrocarbure aliphatique à atomes de carbone reliés par une liaison simple.	Octane (C_8H_{18})
Alcène	Hydrocarbure aliphatique ; au moins 2 atomes de carbone reliés par une liaison double.	Éthylène (C_2H_4)
Alcyne	Hydrocarbure aliphatique ; au moins 2 atomes de carbone reliés par une liaison triple.	Éthyne (C_2H_2)
Alkyle	Composé aliphatique dont la molécule a perdu un atome d'hydrogène.	Méthyl (CH_3) dérivé du méthane Éthyl (C_2H_5) dérivé de l'éthane
Aryle	Composé aromatique dont la molécule a perdu un atome d'hydrogène.	Phényl (C_6H_5) dérivé du benzène
Alcool	Composé organique dont la molécule intègre un groupe hydroxyle (OH).	Éthanol (C_2H_5OH) dérivé de l'éthane
Hydrates de carbone	Composé organique dont la molécule a 2 atomes d'hydrogène pour 1 atome d'oxygène.	Glucose ($C_6H_{12}O_6$)

LES POLYMÈRES

Ce sont des composés organiques dont la macromolécule associe en chaîne des milliers de molécules identiques, ou monomères. Les graisses, amidons et protéines sont des polymères naturels. Les matières plastiques sont composées de polymères synthétiques.

SERPENT GONFLABLE EN PVC (POLYCHLORURE DE VINYLE)

Le PVC est thermoplastique ; il fond facilement.

MONOMÈRE DE CHLORURE DE VINYLE

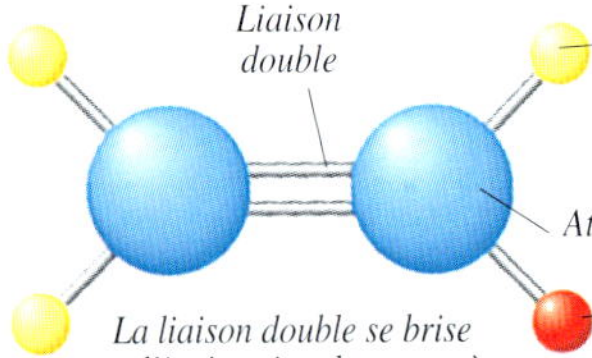

POLYMÈRE DE PVC

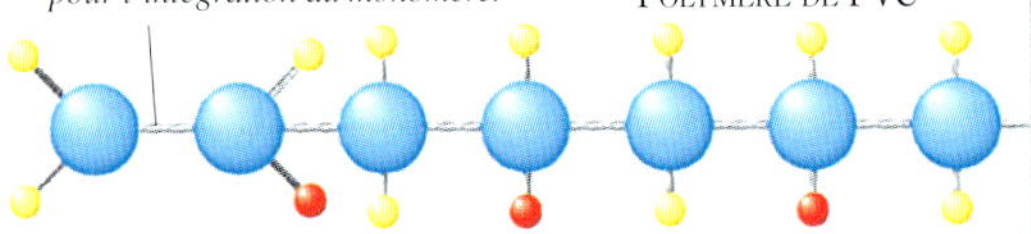

La liaison double se brise pour l'intégration du monomère.

DU MONOMÈRE AU POLYMÈRE
Les molécules de chlorure de vinyle (monomères) s'associent en chaîne pour former une macromolécule (polymère) de PVC. La liaison double intégrée dans le monomère se divise pour raccorder la molécule à la chaîne formant le polymère.

LE NYLON : la combinaison d'acide adipique et d'hexaméthylène diamine donne naissance au nylon. Les monomères de ces deux composés s'associent pour former des polymères qui peuvent être étirés en fil.

POLYMÈRES NATURELS
La laine et autres fibres naturelles sont constituées de protéines polymères souples qui s'entortillent et forment des fils.

QUELQUES POLYMÈRES		
NOM	ORIGINE	UTILISATION
Polyéthylène	Éthylène	Sacs et bouteilles en plastique, emballages alimentaires, isolation.
Polystyrène	Styrène	Jouets en plastique, emballages, isolation, récipients, faux plafonds.
Polychlorure de vinyle	Chlorure de vinyle	Tuyaux et gouttières, isolation électrique, vêtements imperméables.
Acryliques	Dérivés de l'acide acrylique	Textiles, peintures.
Nylon	Acide adipique et hexaméthylène diamine	Textiles, tapis, cordages.
Polyesters	Acides organiques et alcools	Fibres de verre, textiles, coques, voiles de bateaux, pellicules photographiques.
Polyméthacrylate de méthyle (plexiglas)	Méthacrilate de méthyle	Substituts du verre.
Polyuréthanes	Résines uréthanes	Mousses d'emballage, colles, peintures, vernis.
Polytétrafluorométhylène (téflon)	Tétrafluorométhylène	Revêtements antiadhésifs de cuisine, prothèses, roulements mécaniques.
Kevlar	Polyparaphénylène-téréphtalamide	Gilets pare-balles, matériaux renforcés.

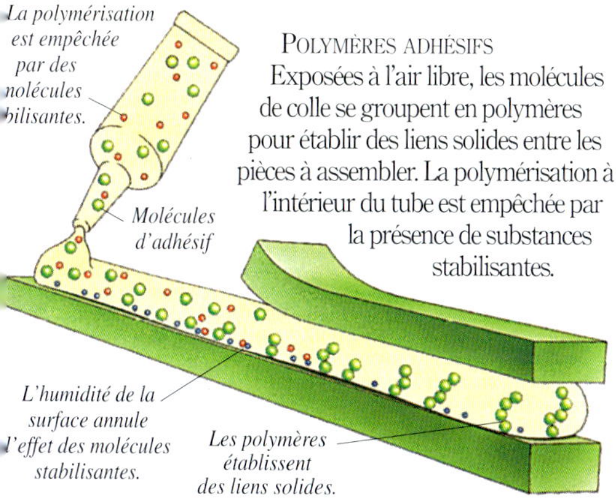

POLYMÈRES ADHÉSIFS

Exposées à l'air libre, les molécules de colle se groupent en polymères pour établir des liens solides entre les pièces à assembler. La polymérisation à l'intérieur du tube est empêchée par la présence de substances stabilisantes.

LE SAVIEZ-VOUS ?

- Le premier plastique, la Parkésine, fut mis au point en 1862 par le chimiste anglais Alexander Parkes.
- Les fibres de Kevlar sont plus légères et plus solides que l'acier.
- On distingue 2 familles de plastiques : les thermoplastiques (liquéfiables) et les thermo-durcissants (non liquéfiables).

L'ÉLECTROCHIMIE

L'isolation des composants d'une substance au moyen d'un courant électrique est appelée électrolyse. Elle est réalisée en plongeant des électrodes en carbone ou en métal conducteur dans un composé dissout contenant des ions.

ÉLECTROLYSE DU CHLORURE DE CUIVRE (II)
Sous l'action du courant électrique, les ions cuivre (II) (Cu^{2+}) de la solution de chlorure de cuivre ($CuCl_2$) sont attirés vers la cathode de charge négative et se transforment en atomes de cuivre. Les ions chlorure (Cl^-) migrent vers l'anode de charge positive et se transforment en atomes de chlore.

NICKEL BRUT

PLAQUAGE EN ARGENT

PLAQUAGE : on utilise l'électrolyse pour recouvrir certains objets métalliques d'une fine couche d'un autre métal. Ici, une cuillère en nickel est plaquée en argent. Les ions argent (Ag^+) de la solution sont attirés vers la cathode de nickel ; ils gagnent des électrons et forment un dépôt d'argent. Les atomes de l'anode en argent perdent des électrons et intègrent la solution sous la forme d'ions.

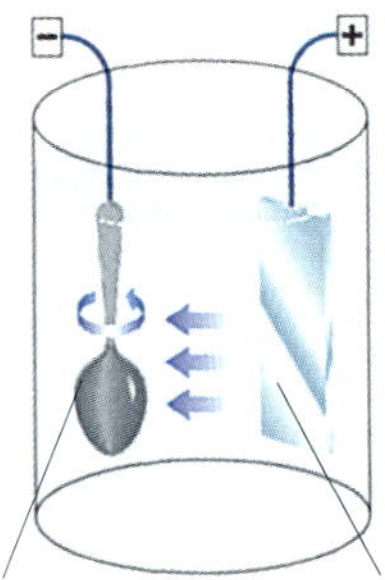

Constante de Faraday

La valeur de l'intensité électrique nécessaire pour la production par électrolyse d'une mole d'un élément est toujours un multiple de 96 500 coulombs. Ce chiffre est la constante de Faraday. L'intensité varie en fonction des charges véhiculées par les ions de l'élément.

Exemple :

- 96 500 coulombs (1 F) produisent une mole d'iodure (I^-).
- 193 000 coulombs (2 F) produisent une mole d'ions cuivre (Cu^{2+})

1 MOLE DE CUIVRE
MASSE MOLAIRE : 64 g

1 MOLE D'IODE
MASSE MOLAIRE : 127 g

Le saviez-vous ?

- En 1807, le chimiste anglais Humphrey Davy découvre l'élément potassium par l'électrolyse de la potasse fondue (carbonate de potassium).
- Le procédé de purification des métaux par électrolyse permet de produire un cuivre pur à 99,99 %.

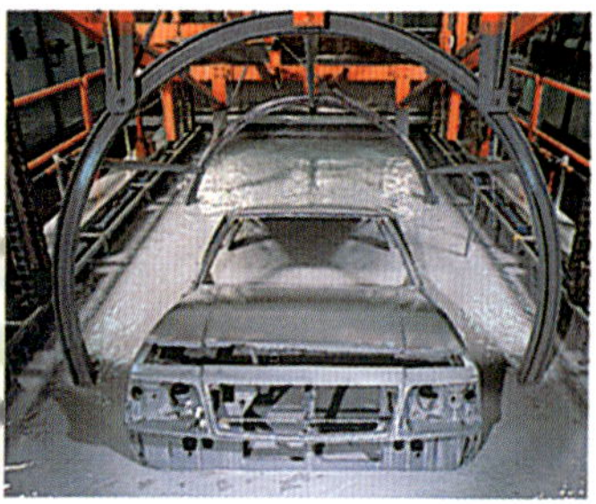

Galvanisation

La carrosserie d'une automobile est galvanisée ; elle est recouverte d'une fine couche de zinc qui la protège de la rouille. La carrosserie électrisée est plongée dans une solution électrolytique contenant du zinc ; elle joue le rôle de cathode et attire les ions zinc (Zn^{2+}).

Production de courant

Certaines réactions chimiques produisent du courant. Dans cette cuve, la plaque de zinc entrée en réaction perd ses ions zinc (Zn^{2+}) et se charge négativement. La plaque de cuivre perd des électrons et se charge positivement. Le flux d'électrons rejoint la plaque de cuivre par le fil, créant un courant électrique.

Les électrons sont attirés par l'anode en cuivre.

La plaque de zinc se dissout ; les électrons "fuient" par le fil électrique.

Solution électrolytique d'acide sulfurique dilué

Le flux d'électrons allume l'ampoule.

LES ANALYSES

Les procédés sont variés pour analyser les différents corps. L'analyse qualitative révèle quels sont les éléments ou composés contenus dans une substance. L'analyse quantitative indique en quelle quantité ils sont présents.

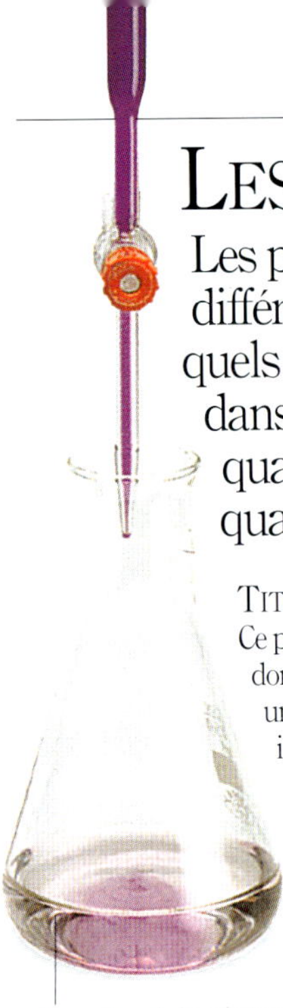

La couleur de la solution test change alors que le composé chimique rose tombe goutte à goutte de l'éprouvette.

TITRAGE

Ce procédé consiste à verser une solution dont on connaît la concentration dans une autre dont la concentration est inconnue et le volume connu.

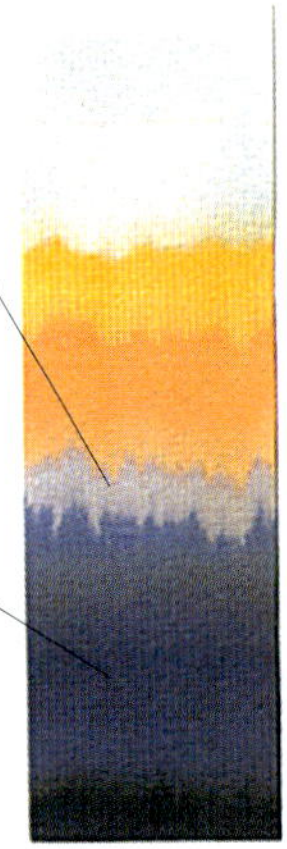

Les colorants sont absorbés plus ou moins rapidement.

Papier buvard

Encre noire

CHROMATOGRAPHIE

La composition d'une solution peut être étudiée au moyen d'un papier buvard. Celui-ci absorbe plus ou moins rapidement les différents constituants. Ici, l'encre noire révèle un mélange de plusieurs colorants.

TEST DE LA FLAMME

Ce test permet d'identifier des éléments métalliques. Une petite quantité d'un sel métallique est exposée à une flamme au bout d'un fil de platine. Le métal brûle en donnant à la flamme une couleur particulière. Les couleurs des feux d'artifice sont produites par la combustion de composés métalliques.

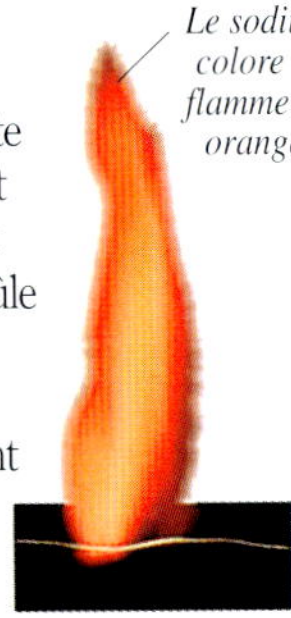

Le sodium colore la flamme en orange.

MÉTAUX ET COULEURS DE FLAMME

MÉTAL	COULEUR DE LA FLAMME
Baryum	Brun-vert
Calcium	Rouge orange
Cuivre	Bleu-vert
Lithium	Rouge carmin
Potassium	Lilas
Sodium	Orange

La spectroscopie

Spectroscopie
Le spectroscope décompose la lumière produite par une substance chauffée en un spectre d'émission, ensemble de bandes de couleur apparaissant sur un fond noir. Chaque élément possède un spectre d'émission particulier.

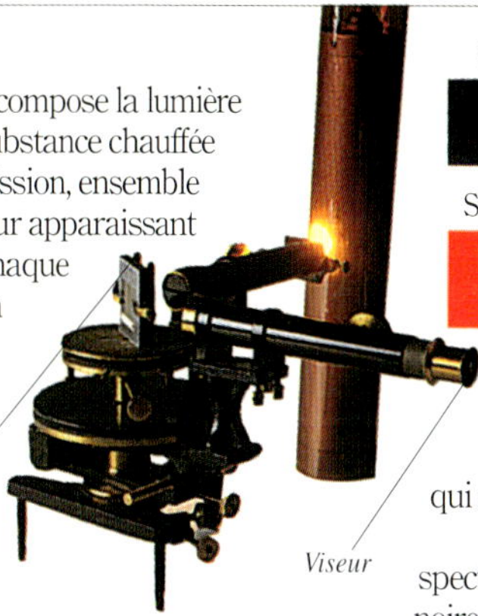

Spectre d'émission du sodium

Spectre d'absorption du sodium

Spectre du sodium
Le rayon de lumière traverse un gaz de nature connue, qui absorbe les couleurs présentes dans le spectre d'émission. Le spectre d'absorption obtenu (lignes noires) révèle les éléments présents.

Spectroscopie de masse
Une substance sous forme gazeuse est canalisée dans un tube à l'extrémité duquel est placé un détecteur. Un champ magnétique détourne tour à tour les ions des différents constituants vers le détecteur, permettant ainsi d'établir le spectre de masse.

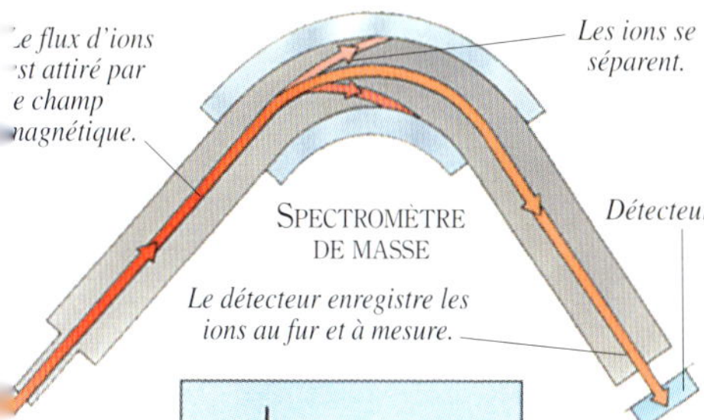

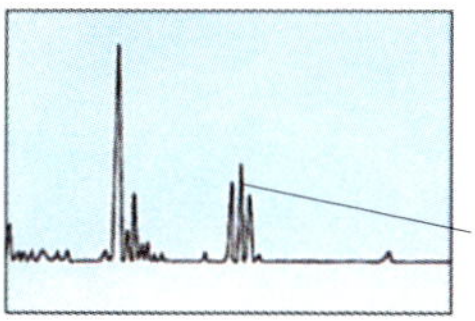

Spectre de masse

Structure de l'ADN : l'analyse génétique d'un fragment de peau, d'une trace de sang ou d'une racine de cheveu peut aujourd'hui être réalisée grâce à l'électrophorèse. Cette technique permet d'établir l'empreinte génétique propre à chaque être vivant, et de l'identifier.

United States
NASA
Discovery

Forces et énergies

Les forces

Le phénomène physique qui attire la limaille de fer vers un aimant ou porte la flèche vers sa cible est appelé une force. Elle est invisible, mais ses effets sont clairement vus et ressentis. Les forces sont exprimées en Newton (N).

Composition de forces

Lorsque plusieurs forces (les composantes) agissent sur un objet, elles se combinent pour produire une force unique agissant en une seule direction (la résultante). La force qui propulse la flèche vers sa cible est la résultante des deux forces composantes exercées sur la corde de l'arc.

Le saviez-vous ?

- Un réacteur d'avion génère une force d'environ 200 000 N.
- Des freins de voiture exercent une force de 5 000 N.
- Actionner un interrupteur électrique requiert une force de 5 N.
- Il faut une force de 50 N pour casser un œuf.

Moment d'une force

Il est plus facile d'ouvrir une porte en exerçant une force loin de son axe. Le moment de cette force est le produit de son intensité par la distance à l'axe de rotation.

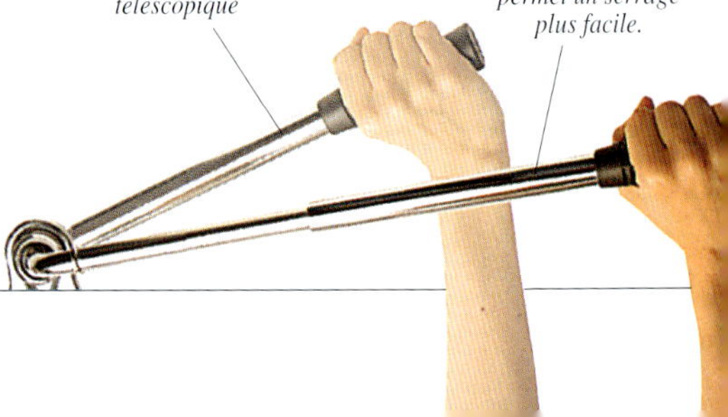

Point d'équilibre

Lorsque les forces exercées sur un objet s'annulent, celui-ci est en équilibre. Il peut être immobile, ou continuer à se mouvoir en conservant la même vitesse et la même direction. Ici, les deux aimants exercent des forces opposées d'intensité égale sur les billes d'acier.

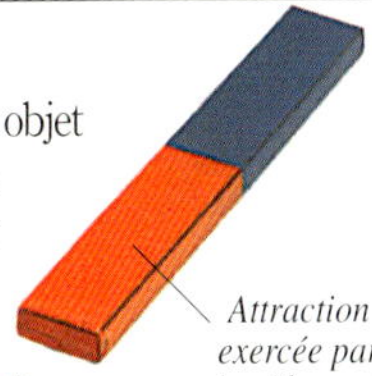

Attraction exercée par le pôle nord

La résultante des deux forces composantes opposées d'intensité égale est nulle ; les billes restent immobiles.

Attraction exercée par le pôle sud

Types de forces

- La traction étire.
- La compression écrase.
- La torsion agit en tournant.
- Une force de cisaillement déchire.
- Une force centripète fait tourner autour d'un axe en convergeant vers le centre.
- Une force de frottement s'oppose au mouvement.
- La poussée d'Archimède agit sur un corps immergé.

Forces exercées sur les corps immergés

Poussée d'Archimède : la combinaison des forces de pression exercées par un fluide (liquide ou gaz) sur un objet immergé produit une force résultante appelée poussée d'Archimède. L'intensité de la poussée est égale au poids en newtons du volume de fluide déplacé. Ici, la poussée exercée par l'eau sur le poids de 1 kg est égale à 1,2 N.

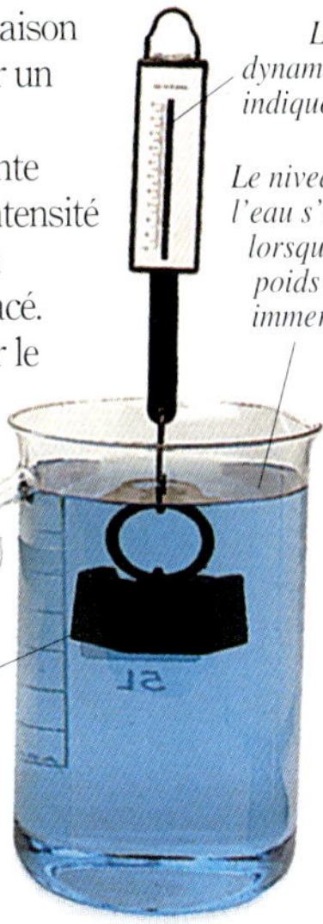

Le dynamomètre indique 8,8 N

Le niveau de l'eau s'élève lorsque le poids est immergé.

"Poids" d'une masse de 1 kg

L'eau déplacée remplit le plateau.

Balance graduée en newtons

L'eau pèse 1,2 N

Le poids de l'eau déplacée est égal au poids de la pêche.

Flottaison : lorsque l'intensité de la poussée d'Archimède exercée sur un objet est supérieure ou égale à son poids, celui-ci flotte. Lorsque la poussée est inférieure à son poids, l'objet coule.

La gravitation

C'est à la gravitation, qui s'exerce entre tous les corps, que nous devons d'avoir les pieds solidement posés sur le sol. Tous les objets exercent et reçoivent une certaine force de gravité liée à leur masse. Les effets de l'attraction terrestre sur l'homme apparaissent clairement, mais l'attraction que nous exerçons en retour sur la terre est souvent ignorée.

Poids et masse

Le poids d'un objet est la force exercée sur celui-ci par l'attraction terrestre. Si la masse d'un objet reste la même sur la Terre ou sur la Lune, son poids varie, car l'attraction lunaire est moins forte.

Cette pomme pèse environ 1 N.

Mesurer la gravité

L'intensité de la force exercée par l'attraction terrestre sur un objet est mesurée en newtons, déterminée par un dynamomètre ou, de façon plus courante, par une balance graduée en grammes.

Lois de la gravitation

Selon les lois de Newton, l'intensité de la force de gravité qui s'exerce entre deux corps est proportionnelle au produit de leurs masses divisé par le carré de la distance qui les sépare. Ainsi, si la distance entre la Lune et la Terre était réduite de moitié, la gravitation s'exerçant entre ces deux planètes serait quatre fois plus élevée. De même, si la masse de la Lune était doublée, la gravitation serait deux fois plus importante.

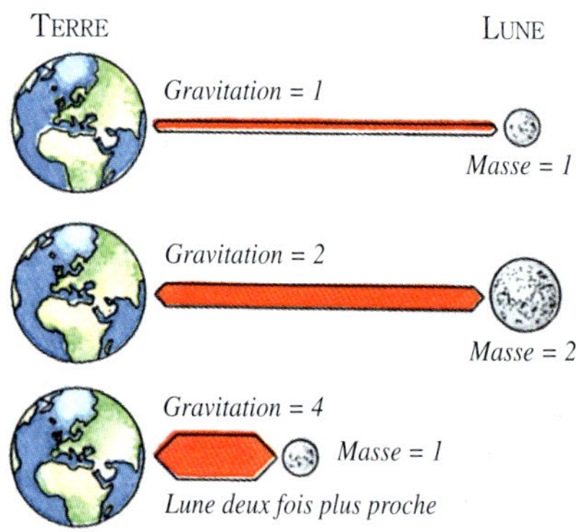

La bouteille presque vide reste debout.

Centre de gravité

Une bouteille dont le centre de gravité est bas, se balance sous l'effet d'une légère poussée puis revient à sa position d'origine. La même bouteille bascule sous l'effet d'une poussée identique lorsque son centre de gravité est situé plus haut.

La bouteille remplie bascule.

Le saviez-vous ?

- Les forces gravitationnelles s'exerçant entre la Terre, la Lune et le Soleil sont à l'origine des marées.
- L'attraction terrestre est six fois supérieure à l'attraction lunaire.

Unité S.I.

Le **newton** (N) est l'unité S.I. de force. Une force de 1 newton communique à un corps d'une masse de 1 kg une accélération de 1 m/s^2 (1 mètre par seconde par seconde).

Théorie de la relativité générale

Se basant sur la notion de courbure de l'espace-temps, le physicien germano-américain Albert Einstein (1879-1955) a montré dans sa théorie de la relativité générale que la gravitation peut-être interprétée comme une courbure de l'espace au voisinage des masses qu'il contient.

Trajectoire de la comète

Soleil

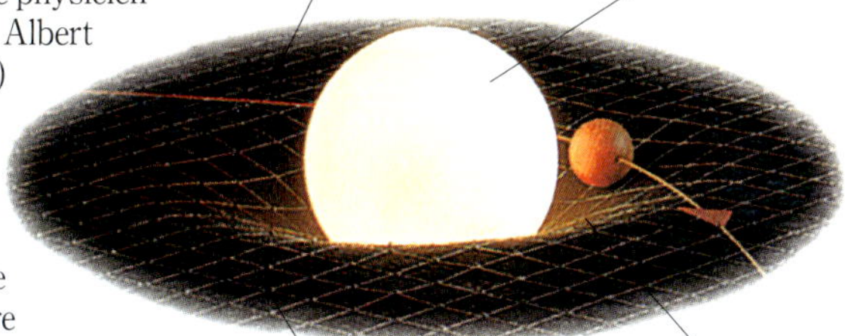

L'espace est déformé par la masse du soleil comme le serait une feuille de caoutchouc supportant un objet lourd.

La trajectoire est modifiée par la gravité.

LE MOUVEMENT

Du plus petit grain de matière à la plus grande des planètes, l'Univers est continuellement en mouvement. Qu'ils bougent ou qu'ils soient immobiles, tous les objets tendent à s'opposer à une modification de leur mouvement. Ce phénomène est appelé inertie. Sur Terre, le frottement arrête le mouvement des objets.

À QUELLE VITESSE VONT-ILS ?

AVION À RÉACTION
3 529 KM/H

CANOT À MOTEUR
166 KM/H

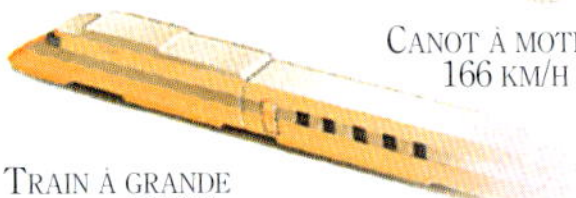

TRAIN À GRANDE VITESSE (TGV)
515 KM/H

VOITURE DE COURSE
325 KM/H

HOMME
36 KM/H

GUÉPARD
96 KM/H

ESCARGOT
0,05 KM/H

Dans le domaine scientifique, la vitesse n'exprime pas une direction particulière ; elle mesure simplement la distance parcourue par un objet en un temps donné.

VITESSE

La vitesse d'un objet selon une direction particulière est traduite par un vecteur vitesse. À chaque changement de direction de la moto correspond un vecteur vitesse différent, bien que sa vitesse demeure constante.

Lorsque la moto roule en décrivant un cercle, sa vitesse est constante mais son vecteur vitesse est constamment modifié.

Si la moto tourne, sa vitesse varie.

En ligne droite, la moto a une vitesse constante.

Le saviez-vous ?

- La terre se déplace dans l'espace à la vitesse de 107 000 km/h.
- Soumis à l'attraction terrestre, un solide en chute libre accélère à raison de 9,8 m/s^2.

Accélération

Un objet accélère si sa vitesse croît. En quittant les starting-blocks les sprinteurs produisent le plus fort de leur accélération. Après la ligne d'arrivée, leur vitesse décroît ; ils décélèrent.

Vaincre l'inertie et le frottement

Inertie : un cycliste fournit un effort plus important pour donner ses premiers coups de pédale car il doit lutter contre sa propre inertie et celle de sa machine. C'est également l'inertie qui aide un cycliste à maintenir sa vitesse de croisière.

Frottement : les forces de frottement tendent à contrarier le mouvement. Quand un cycliste cesse de pédaler sur une route plane, le frottement des pneus sur la chaussée provoque l'arrêt de sa machine.

Autres mouvements

Les mouvements ne sont pas tous linéaires. Un objet se balançant de part et d'autre d'un point fixe décrit un mouvement oscillant. Un objet soumis à une force centripète décrit un mouvement circulaire. La quantité de mouvement d'un objet est égale au produit de sa masse par sa vitesse.

Quantité de mouvement

Quand une boule de billard en mouvement vient frapper une boule immobile, elle transmet à cette dernière une partie de sa quantité de mouvement et provoque son déplacement. Les sommes des quantités de mouvement des deux boules, avant et après la collision, sont égales.

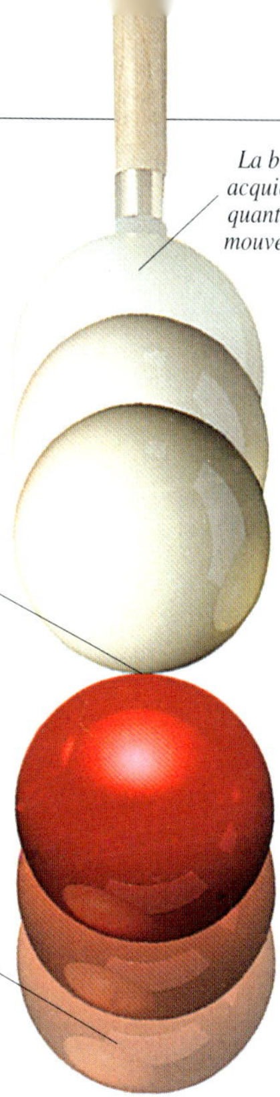

Lois de Newton

- **Première loi :** un objet non soumis à une force reste immobile ou conserve un mouvement constant.
- **Deuxième loi :** l'accélération d'un objet est égale à l'intensité de la force qui lui est appliquée divisée par sa masse.
- **Troisième loi :** lorsqu'un objet exerce une force sur un autre objet, celui-ci exerce en retour sur le premier une force opposée d'intensité égale.

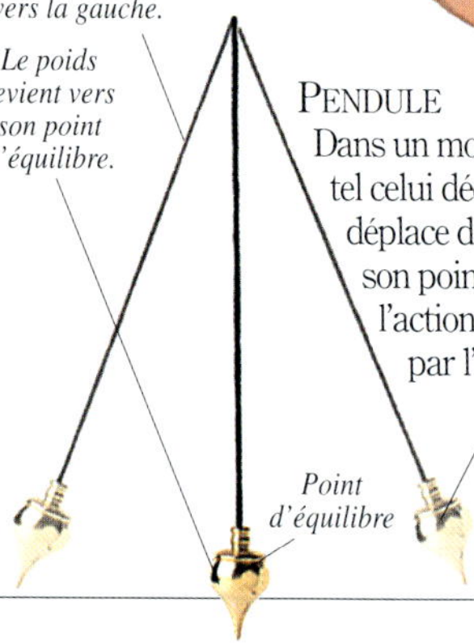

Pendule

Dans un mouvement pendulaire, tel celui décrit ici, un objet se déplace de part et d'autre de son point d'équilibre, sous l'action de la force exercée par l'attraction terrestre.

Mouvement circulaire

Le marteau va s'échapper selon une trajectoire rectiligne dès qu'il sera lâché. Il est maintenu à égale distance du centre du cercle de rotation par les forces centripètes de la corde, qui modifient de manière constante sa trajectoire ; c'est pourquoi il décrit un mouvement circulaire.

Gyroscope

Le gyroscope garde sa stabilité et résiste aux forces gravitationnelles grâce à son moment cinétique. L'axe du gyroscope reste à peu près fixe, mais décrit un petit cercle.

Le saviez-vous ?

- Un gyrocompas de navigation comporte un gyroscope qui indique constamment le nord.
- Un satellite est maintenu en orbite circulaire par la force de gravité de la Terre, qui agit comme une force centripète.

Gyroscope

La pression

L'air qui nous entoure exerce une pression sur notre corps. Nos pieds exercent une pression sur la surface du sol. Les nageurs ressentent les effets de la pression de l'eau. La mesure de l'intensité d'une pression prend en compte la surface sur laquelle la force qui la crée est appliquée.

Enfoncer une punaise

Il est plus facile d'enfoncer une punaise qu'un clou de gros diamètre ; la force exercée sur la punaise par le pouce est concentrée sur une petite surface (la pointe).

Mesurer la pression

On calcule une pression en divisant l'intensité de la force exercée par la surface sur laquelle elle s'exerce. Si l'on accroît la surface de pression ou si l'on réduit l'intensité de la force, la pression diminue ; si l'on rétrécit la surface ou si l'on accroît l'intensité de la force, la pression augmente.

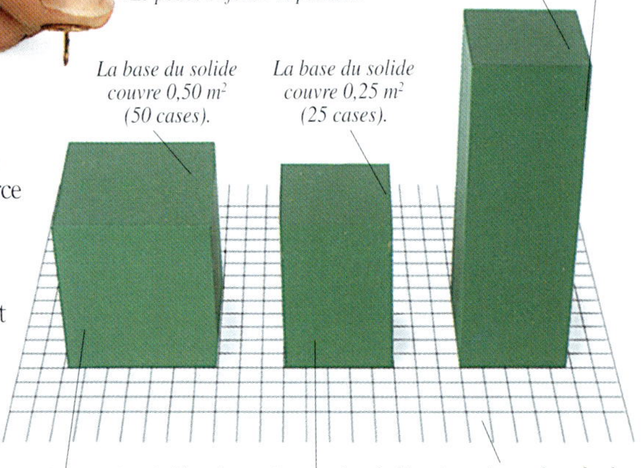

POURQUOI UN AVION VOLE-T-IL ?

Le dessus courbe d'une aile offre moins de résistance à l'air que sa face inférieure. L'air se déplace plus vite au-dessus de l'aile qu'en dessous et exerce donc une pression moindre. La différence de pression crée une force qui fait décoller l'avion.

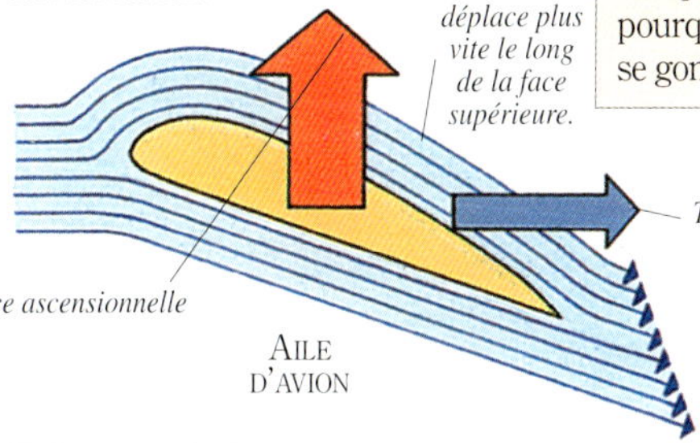

AILE D'AVION

PRESSION ET PROFONDEUR

Dans un liquide, la pression croît avec la profondeur. La pression est plus importante au fond d'un océan qu'à sa surface. Dans ce récipient, les trous percés à différentes profondeurs laissent échapper l'eau colorée à des pressions croissantes.

TEST DE PRESSION

Le récipient est rempli d'eau colorée.

La pression est peu élevée ; la force du jet est faible.

La pression est plus importante ; le jet est presque horizontal.

PRINCIPE DE PASCAL

Le principe de Pascal établit que les fluides (liquides ou gaz) transmettent uniformément et dans toutes les directions les pressions auxquelles ils sont soumis. C'est pourquoi l'enveloppe d'un ballon se gonfle de manière uniforme.

UNITÉ S.I.

Le **pascal** (Pa) est l'unité S.I. de pression. Une pression de 1 pascal exerce une force de 1 N sur une surface de 1 m^2 (1 N/m^2).

LE SAVIEZ-VOUS ?

- La pression régnant au fond du plus profond des océans est de 1,1 x 10^8 Pa.
- La pression atmosphérique normale au niveau de la mer est de 101 325 Pa.
- Les après-ski s'enfoncent peu dans la neige ; augmentant la surface sur laquelle s'exerce le poids, ils réduisent la pression.

LES MACHINES SIMPLES

Ce sont des appareils permettant de modifier l'intensité ou la direction d'une force. Une hache est un exemple de machine simple : amplifiée par la forme particulière de la lame, la force transmise par la hache fend facilement le bois.

COUPE DE BOIS

La lame agit comme un coin.

LA VIS

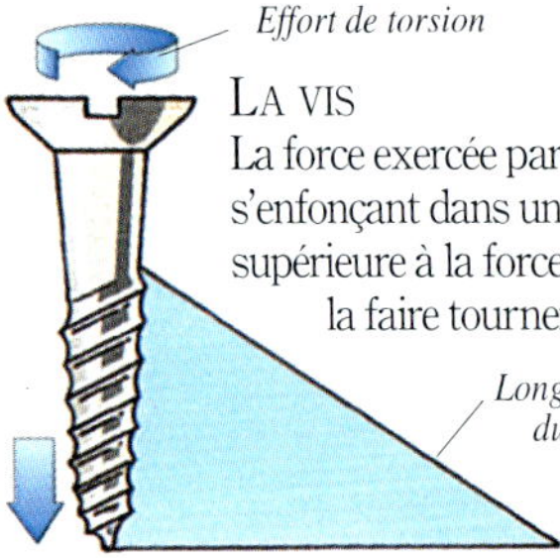

La force exercée par une vis s'enfonçant dans un matériau est supérieure à la force exercée pour la faire tourner.

ARBRE ET ROUE

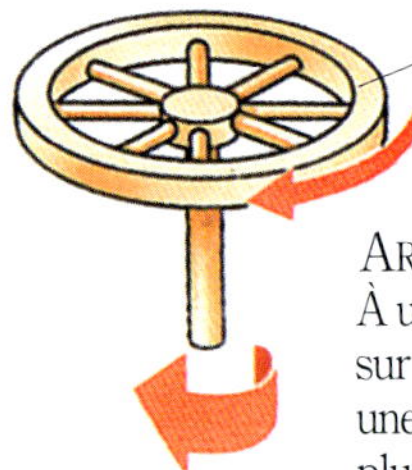

À une force exercée sur la roue correspond une force d'intensité plus importante produite par l'arbre. À une force exercée sur l'arbre, correspond une force d'intensité moindre.

PLAN INCLINÉ

Il réduit l'intensité de la force nécessaire au déplacement d'un objet. Il est plus facile de tracter cette automobile le long d'un plan incliné que de la soulever verticalement. La distance parcourue par l'automobile est plus grande, mais l'intensité de la force nécessaire est moindre.

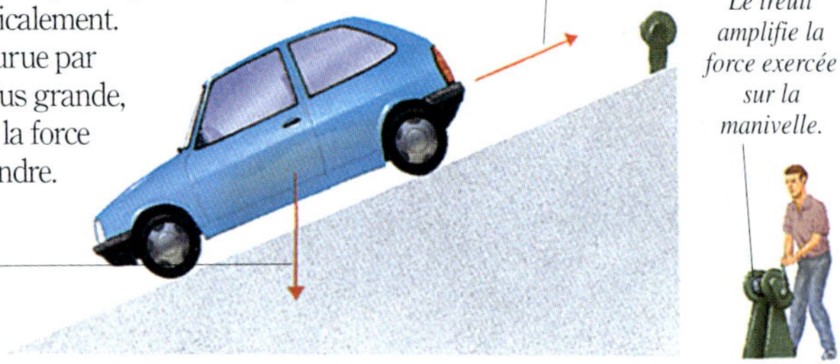

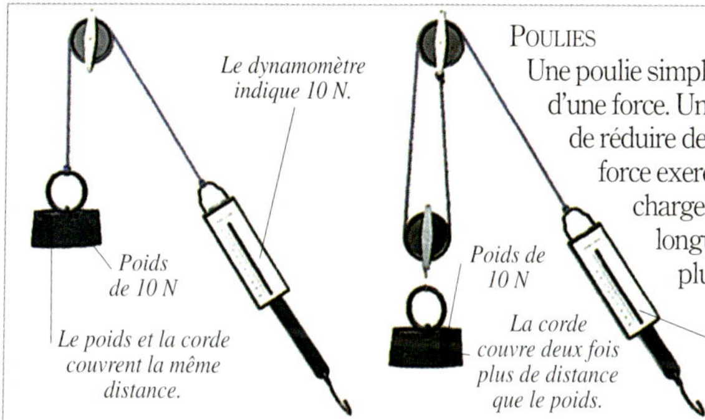

Poulies

Une poulie simple modifie la direction d'une force. Une poulie double permet de réduire de moitié l'intensité de la force exercée pour soulever une charge ; il faut alors tirer une longueur de corde deux fois plus importante.

Levier

Un levier exerce une force par rotation autour d'un point d'appui. Une force appliquée à une plus grande distance du point d'appui permet de soulever une charge plus importante.

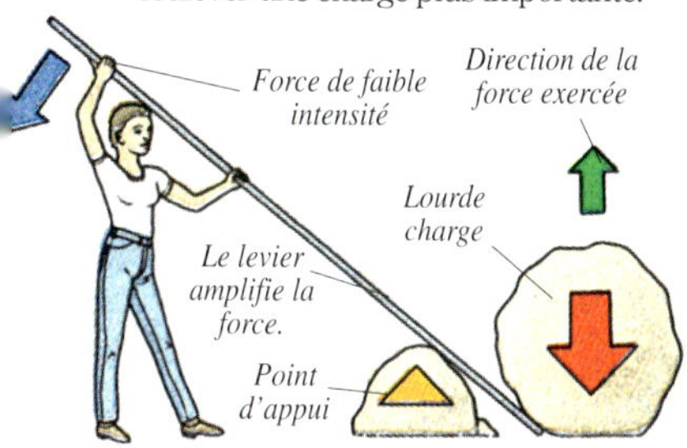

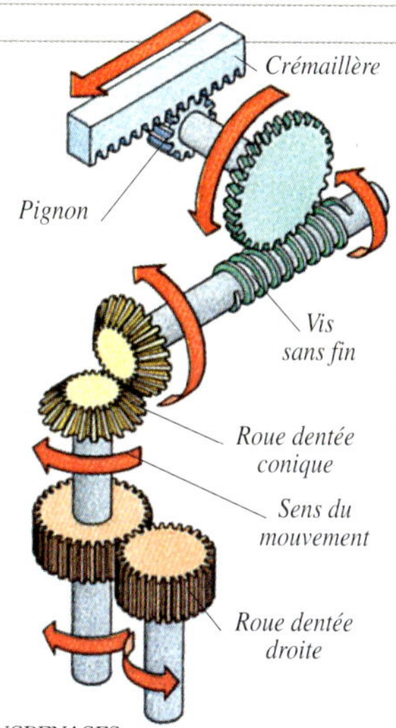

Rendement et démultiplication

Le rendement mécanique d'une machine simple indique son aptitude à amplifier les forces qui lui sont imprimées. Le rapport de démultiplication indique son rendement en terme de distance.

$$\text{Rendement mécanique} = \frac{\text{charge}}{\text{force exercée}}$$

$$\text{Rapport de démultiplication} = \frac{\text{déplacement de la force}}{\text{déplacement de la charge}}$$

Engrenages

Assemblages d'arbres et de roues dentées, les engrenages sont capables de modifier l'intensité d'une force et d'agir sur la vitesse et la direction d'un mouvement.

L'ÉNERGIE

L'énergie est ce qui nous permet d'agir. Nous la puisons dans les aliments où elle est stockée sous forme de composés chimiques. Lumière, son et chaleur sont des formes d'énergie. L'énergie liée au mouvement est appelée énergie cinétique.

En tombant, chat acquier une énergie cinétique.

Le clown a une énergie cinétique.

ÉNERGIE POTENTIELLE

Un objet compressé ou étiré acquiert une énergie potentielle qui est libérée quand l'objet revient à son état initial. Ci-contre, le ressort compressé possède une énergie potentielle. Transformée en énergie cinétique, elle fait jaillir le clown quand on ouvre la boîte.

ÉNERGIE POTENTIELLE DE PESANTEUR

Un objet placé à une certaine hauteur possède une énergie potentielle qui correspond à sa chute éventuelle au sol. Si le chaton tombe de l'arbre, son énergie potentielle de pesanteur devient une énergie cinétique.

LE SAVIEZ-VOUS ?

- La chaleur et l'énergie potentielle contenues dans un nuage d'orage représentent environ 1000 milliards de joules.
- Une adolescente doit absorber 10 000 kJ d'énergie par jour.

ÉNERGIE CHIMIQUE

Durant la digestion, les composés chimiques contenus dans les aliments sont diffusés dans notre organisme. Leur valeur énergétique est variable ; ce morceau de chocolat contient autant d'énergie qu'1 kg de tomates.

24 g de chocolat au lait

1 kg de tomates

CONSOMMATION D'ÉNERGIE

ACTIVITÉ POUR UNE PERSONNE DE 70 KG	CONSOMMATION EN JOULES PAR SECONDE (J/s)
Sommeil	60
Lecture assis	120
Piano	160
Marche lente	250
Course ou nage	800
Montée d'un escalier	800

UNITÉ S. I.

Le **joule** (J) est l'unité S.I. d'énergie et de travail. Un joule représente le travail d'une force d'un newton se déplaçant d'un mètre dans sa propre direction. Un kilojoule (kJ) est égal à 1 000 joules.

Le **hertz** (Hz) est l'unité S.I. de fréquence. Un hertz équivaut à une oscillation par seconde. Un kilohertz (kHz) est égal à 1 000 Hz.

ÉNERGIE ONDULATOIRE

ONDES : l'énergie se propage parfois sous la forme de vibrations ou ondes. La lumière et les autres formes de radiations électromagnétiques se propagent en ondes transversales ; la vibration est perpendiculaire à la direction de l'onde. Le son se propage en ondes longitudinales ; la vibration s'exerce dans la même direction que l'onde.

ONDE TRANSVERSALE

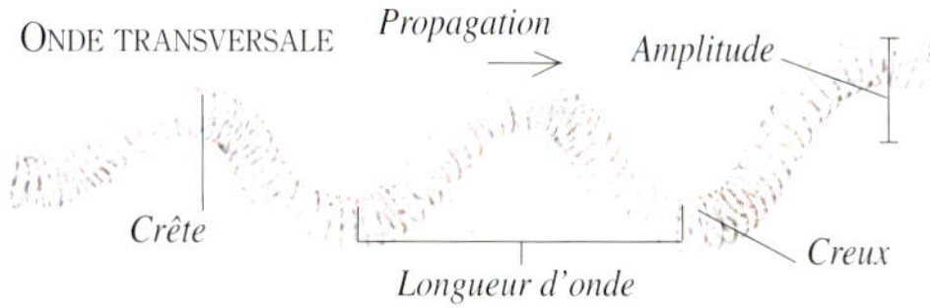

ONDE LONGITUDINALE

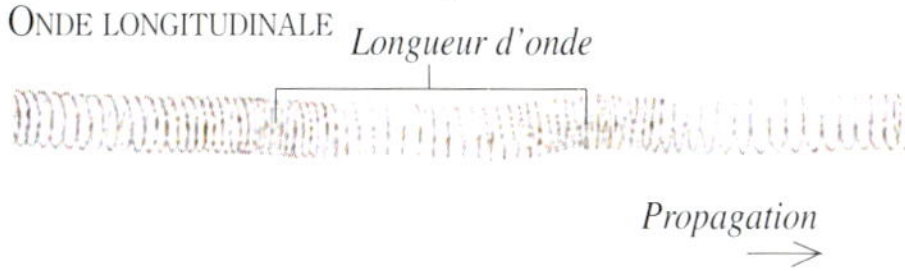

ONDES EN PHASE

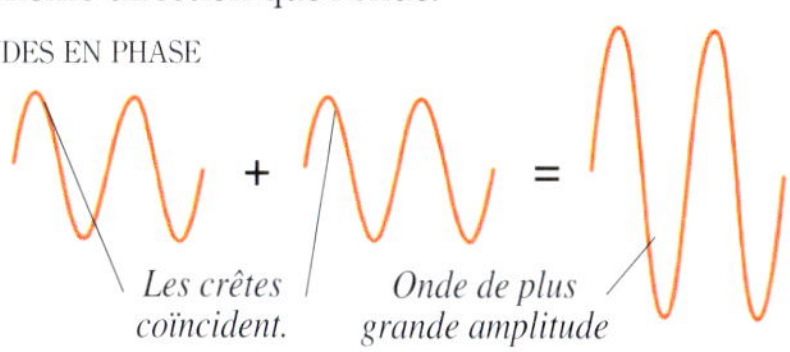

ONDES DÉPHASÉES

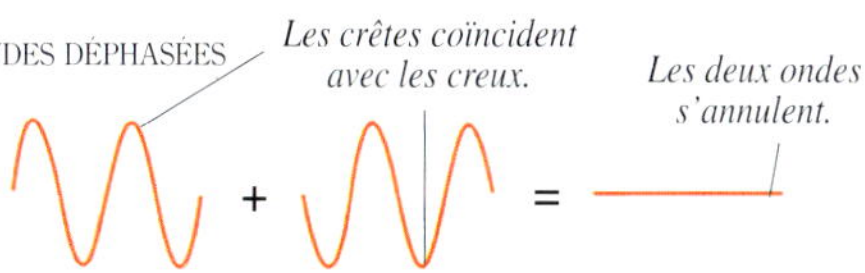

INTERFÉRENCES : la rencontre de deux ondes crée une interférence. L'interférence de deux ondes en phase (dont les crêtes coïncident) est dite constructive ; elle donne naissance à une onde plus importante. L'interférence de deux ondes déphasées (les crêtes de l'une coïncident aux creux de l'autre) est dite destructive ; les deux ondes s'annulent.

Travail, puissance et rendement

Une force qui déplace un objet effectue un travail. Pour effectuer celui-ci, elle a besoin d'énergie. Le travail transforme parfois l'énergie qu'il consomme en une forme d'énergie différente. La puissance d'une force est établie en fonction de la durée du travail.

HALTÉROPHILE

TRAVAIL ET PUISSANCE

La puissance fournit par cet haltérophile est évaluée en divisant le produit poids soulevé/hauteur de levage par la durée de son effort. Ainsi lorsque cet athlète soulève 400 N à 1,50 m en 2 s, il développe une puissance de 300 N

UNITÉ S.I.

Le **watt** (W) est l'unité S.I. de puissance. Un watt équivaut à la puissance d'un système transférant uniformément une énergie de 1 joule en 1 seconde. 1 kilowatt (kW) est égal à 1 000 watts ; 1 mégawatt est égal à 1 000 000 watts.
Le **kilowatt/heure** (kwh) mesure la consommation électrique. Un kilowatt équivaut à l'énergie électrique consommée en 1 heure par un appareil d'une puissance de 1 kW.

LE SAVIEZ-VOUS ?

- Le rendement d'une ampoule électrique de 100 W n'est que de 15 % car 85 joules sur 100 sont consommés sous forme de chaleur.
- Le premier moteur à combustion interne a été conçu par l'ingénieur belge Étienne Lenoir.

D'UNE ÉNERGIE À UNE AUTRE

Une machine est un convertisseur d'énergie ; elle change une forme d'énergie en une autre pour accomplir un travail. Le moteur à combustion interne d'une automobile consomme de l'essence ou du gazole. L'énergie chimique du carburant est transformée en énergie cinétique lorsque le mouvement des pistons fait avancer la voiture.

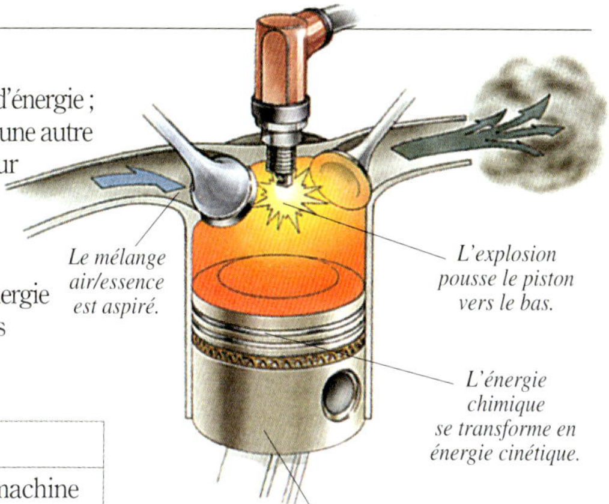

MOTEUR À COMBUSTION INTERNE

RENDEMENT

On établit le rendement d'une machine en comparant la quantité d'énergie qu'elle consomme à la quantité d'énergie qu'elle produit.

MACHINE		ÉNERGIE PRODUITE
Moteur à essence d'une voiture		15 % (% de l'énergie consommée)
Fusée	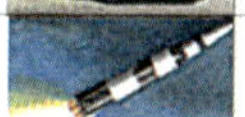	environ 15 %
Locomotive à vapeur		15 %
Réacteur d'avion		20 %
Locomotive à moteur diesel		35 %
Locomotive électrique		35 %
Centrale électrique (charbon)		35 %
Centrale éolienne		environ 40 %
Train sur coussin d'air		environ 60 %
Centrale hydroélectrique		80 %
Bicyclette		90 %

LOI DE LA CONSERVATION DE L'ÉNERGIE

La loi de la conservation de l'énergie établit que l'énergie totale d'un système isolé demeure la même quelles que soient les transformations se produisant dans ce système. Cette loi s'applique, par exemple, aux réactions nucléaires se produisant à la surface du Soleil.

ÉQUATIONS ÉNERGÉTIQUES

$$\text{Travail (joules)} = \text{force (newtons)} \times \text{distance parcourue (mètres)}$$

$$\text{Puissance (watts)} = \frac{\text{travail effectué (joules)}}{\text{durée du travail (s)}}$$

$$\text{Rendement (\%)} = \frac{\text{énergie consommée}}{\text{énergie produite}} \times 100$$

Chaleur et température

La chaleur dégagée par un objet correspond à l'énergie cinétique cumulée de ses particules en mouvement. Plus ce cumul est élevé et plus l'objet est chaud. La température est une mesure de l'énergie cinétique moyenne des particules.

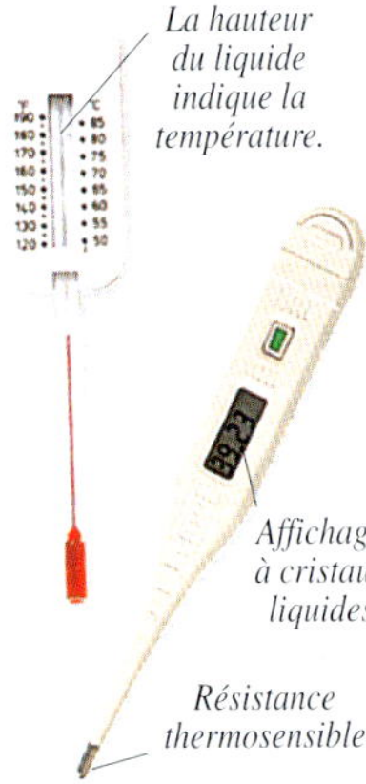

Le thermomètre

Gradué en degrés Celsius, il mesure la température ambiante. Un thermomètre à liquide intègre une colonne d'alcool ou de mercure qui se dilate sous l'action de la chaleur. Un thermomètre électronique exploite la sensibilité à la chaleur d'une résistance.

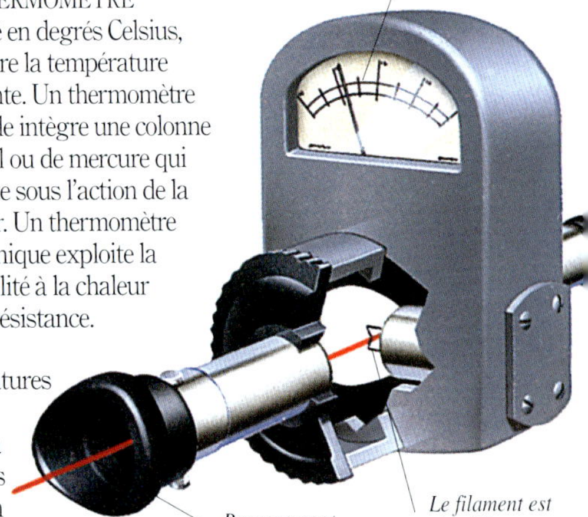

Le pyromètre

Il permet de mesurer des températures très élevées. Il compare le rayonnement émis par un corps à haute température avec celui émis par un filament chauffé au moyen d'un courant électrique.

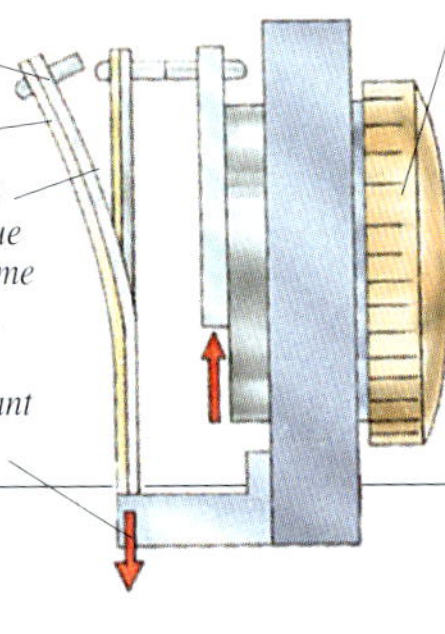

Le thermostat

Il maintient la température d'une pièce à une valeur constante en utilisant les déformations thermiques d'un bilame composé de fer et de laiton. À un seuil de température déterminé, le bilame se déforme et interrompt le courant alimentant la source de chaleur.

• Bien différencier chaleur et température, même si elles restent très liées.

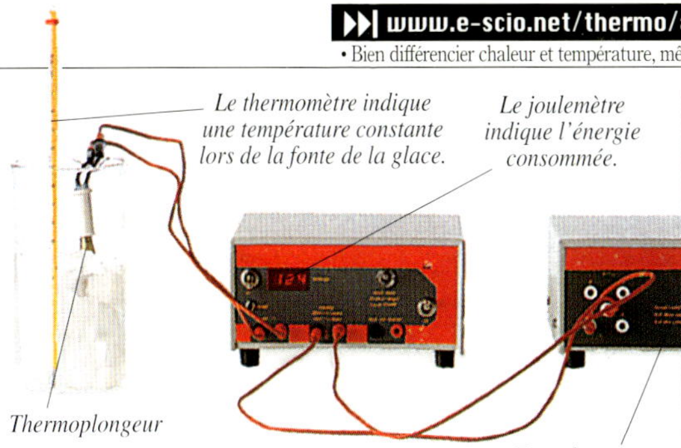

Chaleur latente

En changeant d'état, une substance emmagasine ou libère de la chaleur tout en conservant une température constante. Cette quantité de chaleur est appelée chaleur latente. Ici, on mesure la chaleur latente liée à la fonte de la glace.

Unité S.I.

Le **kelvin** (K) est l'unité S.I. de température. Il n'y a pas de valeurs négatives sur l'échelle kelvin. Le zéro absolu (0 K), température à laquelle l'énergie cinétique des grains de matière devient nulle, est inaccesible.

Quelques températures

Température	Exemples
14 millions K (14 millions °C)	Noyau du Soleil
30 000 K (29 727 °C)	Foudre
5 800 K (5 527 °C)	Surface du Soleil
4 000 K (3 727 °C)	Noyau de la Terre
523 K (250 °C)	Inflammation du bois
373 K (100 °C)	Vaporisation de l'eau
331 K (58 °C)	Plus haute température de l'air enregistrée sur Terre
310 K (37 °C)	Température normale du corps humain
273 K (0 °C)	Solidification de l'eau
184 K (–89 °C)	Plus basse température de l'air enregistrée sur Terre
43 K (–230 °C)	Pluton (planète du système solaire la plus éloignée)
0 K (–273.15 °C)	Zéro absolu

Capacité thermique

La capacité thermique d'une substance est la quantité de chaleur nécessaire pour élever une masse de 1 kg de cette substance de 1 K (ou 1 °C).

Substance	Capacité thermique (J/kg/K)
Eau	4 200
Alcool	2 400
Glace	2 100
Nylon	1 700
Marbre	880
Béton	800
Verre	630
Acier	450
Cuivre	380
Plomb	130

Transferts de chaleur

Un transfert spontané d'énergie thermique a toujours lieu du corps chaud vers le corps froid. La chaleur se propage par conduction dans un corps solide et par convection dans un fluide (liquide ou gaz). La matière peut également absorber ou libérer de l'énergie thermique par rayonnement.

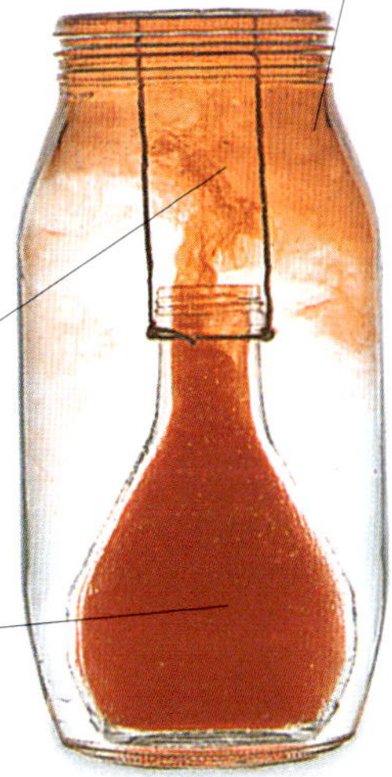

Les traînées de couleur permettent de visualiser la diffusion de la chaleur.

L'eau chaude colorée monte à la surface.

La bouteille est remplie d'eau chaude colorée.

COURANT DE CONVECTION

Moins dense que l'eau froide contenue dans le bocal, l'eau chaude colorée monte à la surface où elle perd de l'énergie thermique au contact de l'air. En refroidissant, elle redescend vers le fond du récipient, diffusant de la chaleur : c'est le courant de convection.

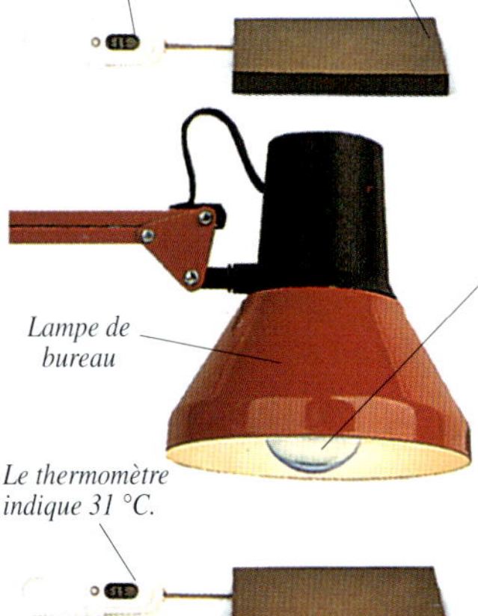

Le thermomètre indique 18,7 °C.

Morceau de métal à température ambiante

Lampe de bureau

Les rayonnements sont absorbés par le métal.

Le thermomètre indique 31 °C.

RAYONNEMENT THERMIQUE

Dans une pièce normalement chauffée, tous les objets émettent des rayonnements infrarouges. La quantité de rayonnements émis par chaque objet augmente avec sa chaleur. Ici, les rayonnements émis par la lampe se propagent dans l'air et chauffent le morceau de métal.

CONDUCTION

Quand on chauffe en partie un corps, les “grains” de matière chauffés s'agitent et “conduisent” la chaleur vers les “grains” adjacents ; la chaleur est transmise par conduction.

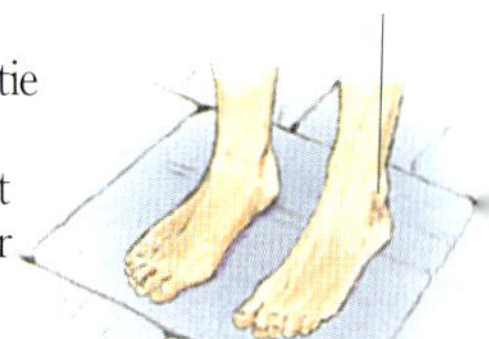

La chaleur des pieds est transmise par conduction au carrelage ; ils se refroidissent.

Celsius et Fahrenheit

Les températures sont habituellement mesurées en degrés Celsius (°C) ou Fahrenheit (°F). L'échelle Celsius est basée sur les points de solidification (0 °C/32 °F) et de vaporisation (100 °C/212 °F) de l'eau. L'échelle Kelvin est utilisée principalement par les scientifiques.

Conductivité thermique

La conductivité thermique d'un matériau définit la manière dont il transmet la chaleur. Le coefficient de conductivité thermique est exprimé en W/m/K.

Substance	Conductivité (W/m/K)	
Cuivre	385	Bons conducteurs
Or	296	
Fer	72	
Verre	1	
Brique	0,6	
Eau	0,6	
Nylon	0,25	Mauvais conducteurs
Bois (chêne)	0,15	
Béton	0,1	
Laine	0,040	
Air	0,025	

Matériaux isolants

Les corps dits isolants (plastique, bois, liège, fibre de verre ou air) ont une faible conductivité. On utilise des matériaux isolants dans les bureaux et les habitations pour éviter les déperditions de chaleur à travers les murs, les toits, les planchers, les plafonds et les fenêtres. L'efficacité d'un matériau isolant est déterminée par son "coefficient K".

Coefficient de transmission surfacique (K)

Il mesure le flux thermique transmis, rapporté à une surface de 1 m², pour une élévation de température intérieur-extérieur de 1 K. Il s'exprime en W/m²/K.

Matériau	Coefficient K (W/m²/K)
Toiture sans isolation	2,2
Toiture avec isolation	0,3
Mur en briques	3,6
Mur en briques, double épaisseur	1,7
Double mur en briques avec isolation	0,5
Fenêtre simple vitrage	5,6
Fenêtre double vitrage (lame d'air)	2,7
Plancher nu	1
Plancher avec moquette	0,3

LES SOURCES D'ÉNERGIE

La production électrique mondiale repose sur l'exploitation de combustibles fossiles. Ces combustibles, dont le cycle de renouvellement est de plusieurs millions d'années, ne sont pas inépuisables. C'est pourquoi les centrales du futur doivent privilégier l'énergie renouvelable.

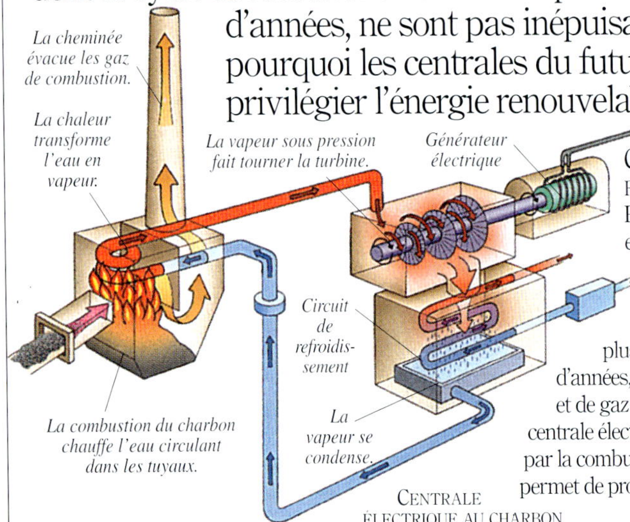

CENTRALE ÉLECTRIQUE AU CHARBON

COMBUSTIBLES FOSSILES

Pression et chaleur extrêmes à l'intérieur de la croûte terrestre ont permis la formation, en plusieurs millions d'années, de pétrole, de charbon et de gaz naturel. Dans une centrale électrique, l'énergie fournie par la combustion de ces matières permet de produire de l'électricité.

LE SAVIEZ-VOUS ?

- L'hydroélectricité fournit 3 % des besoins mondiaux d'énergie.
- 1 g de charbon produit environ 25 kJ d'énergie, 1 g de pétrole environ 45 kJ.
- Le bois reste la source d'énergie la plus utilisée dans le monde.

ÉNERGIE ÉOLIENNE

Une éolienne, constituée d'une hélice placée en haut d'un pylône, utilise l'énergie cinétique du vent pour produire de l'électricité. Une centrale éolienne regroupe un grand nombre de ces appareils.

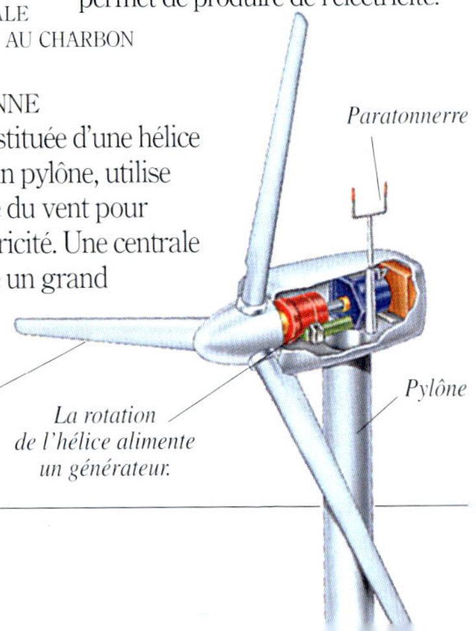

Énergie hydroélectrique

C'est une source d'énergie non polluante dont le rendement est élevé. Les centrales hydroélectriques sont installées à la base d'imposants barrages retenant une grande quantité d'eau. La pression de l'eau partiellement libérée fait tourner une turbine reliée à un générateur pour produire l'électricité.

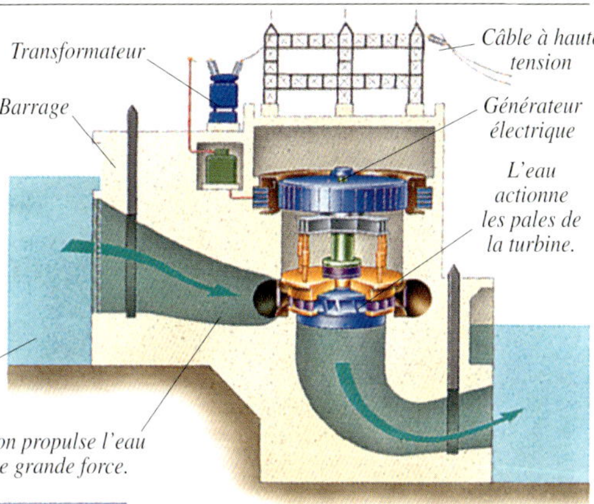

Énergie solaire

Une centrale solaire déploie des centaines de panneaux réfléchissants orientés de manière à concentrer le rayonnement solaire sur des piles. Celles-ci transforment cet apport d'énergie en électricité.

Les sources d'énergie à travers les âges

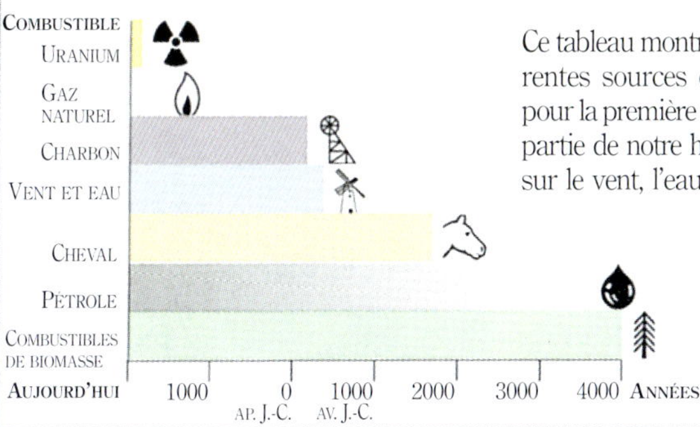

Ce tableau montre à quelle époque les différentes sources d'énergie furent utilisées pour la première fois. Durant la plus grande partie de notre histoire, l'homme a compté sur le vent, l'eau, la puissance musculaire, et les combustibles de biomasse (bois). Aujourd'hui, les sources d'énergie non renouvelables (charbon, pétrole) les supplantent.

L'énergie nucléaire

Les atomes sont de minuscules réserves d'énergie. Celle-ci provient des puissantes forces liant entre elles les particules élémentaires qui constituent le noyau d'un atome. Une énorme quantité d'énergie est libérée lorsqu'un noyau atomique se divise (fission) ou lorsque deux noyaux atomiques légers s'assemblent (fusion).

SYMBOLE INTERNATIONAL DE LA RADIOACTIVITÉ

FISSION NUCLÉAIRE

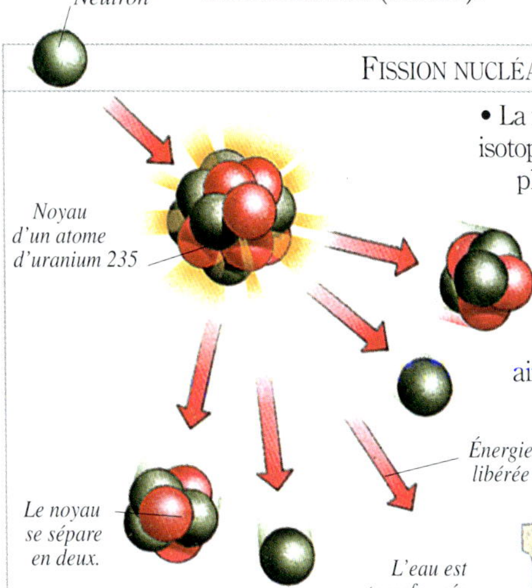

- La fission se produit chez des nucléides isotopes d'éléments lourds tels que le plutonium et l'uranium.
- Bombardés par des neutrons, les noyaux se divisent, produisant de la chaleur et des neutrons.
- Les neutrons libérés peuvent bombarder d'autres noyaux, causant ainsi une réaction en chaîne.

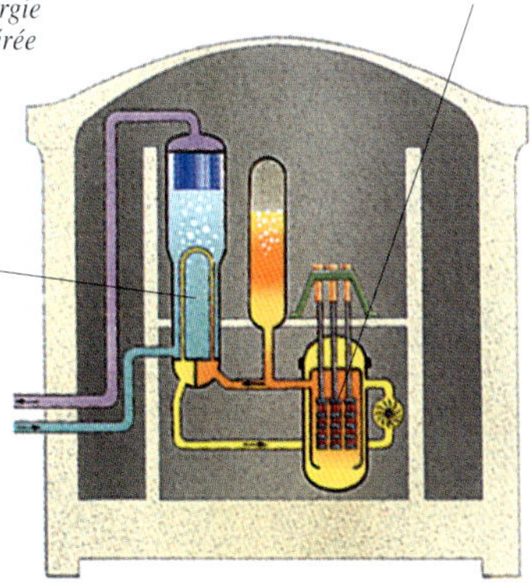

RÉACTEUR DE FISSION : dans le cœur du réacteur, le bombardement des barreaux de combustible d'uranium 235 par des neutrons provoque une réaction en chaîne. Un agent frigorigène convoie la chaleur jusqu'à un échangeur, où elle transforme l'eau en vapeur pour alimenter les générateurs.

FUSION NUCLÉAIRE

• La fusion est produite uniquement par des nucléides isotopes d'éléments légers tels que l'hydrogène.
• À très haute température, les noyaux des atomes d'hydrogène entrent en collision.
• Un noyau d'hélium se forme ; chaleur et neutrons sont libérés.

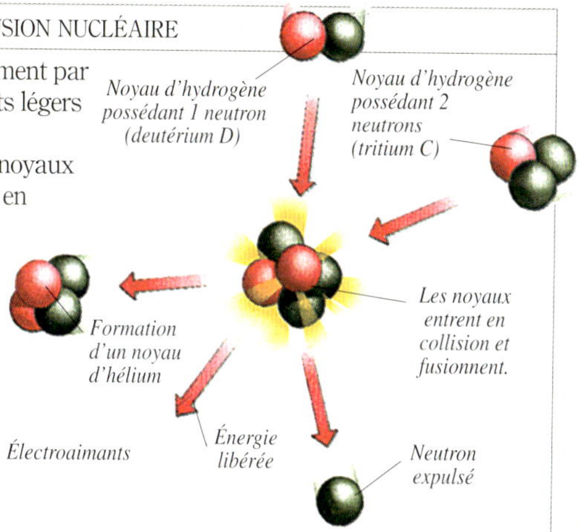

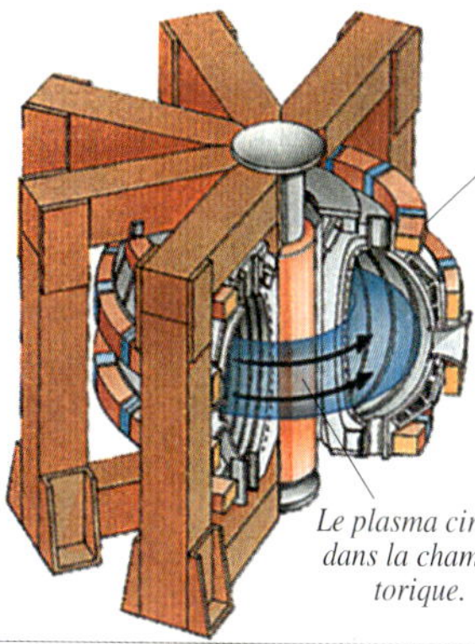

RÉACTEUR DE FUSION : aucun réacteur de fusion n'a encore été construit pour une production d'énergie civile. Un réacteur expérimental, le JET (Joint European Torus), fait intervenir la fusion dans une chambre torique (tokamak) où l'hydrogène est ionisé par une forte charge électrique.

ARMES NUCLÉAIRES

La puissance dévastatrice d'un bombe atomique est libérée par une réaction de fusion (bombe H) ou de fission (bombe A) nucléaire. Ces réactions transforment une petite masse de matière en une énorme quantité d'énergie.

LE SAVIEZ-VOUS ?

• Le premier réacteur nucléaire fut construit en 1942, aux USA, par le physicien Enrico Fermi.
• Des fusions nucléaires se produisent au cœur du Soleil et des étoiles.
• Les USA possèdent plus de réacteurs nucléaires (110) qu'aucun autre pays.

La lumière

RAYONNEMENTS ÉLECTROMAGNÉTIQUES

La lumière est une forme d'énergie ondulatoire appartenant à la famille des rayonnements électromagnétiques. Les ondes radios, micro-ondes, rayons infrarouges, rayons X et rayons gamma font partie de ce groupe et constituent le spectre électromagnétique.

RAYONNEMENTS ÉLECTROMAGNÉTIQUES : ONDES ET CORPUSCULES

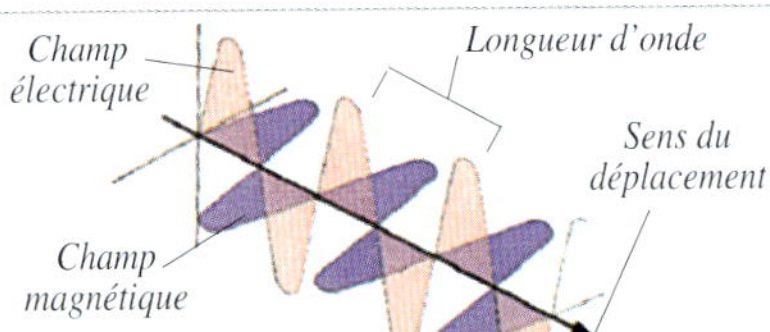

ONDES : un rayonnement correspond au déplacement de 2 champs magnétique et électrique, sous forme d'onde oscillatoire. Les champs sont orthogonaux et perpendiculaires au sens de l'onde.

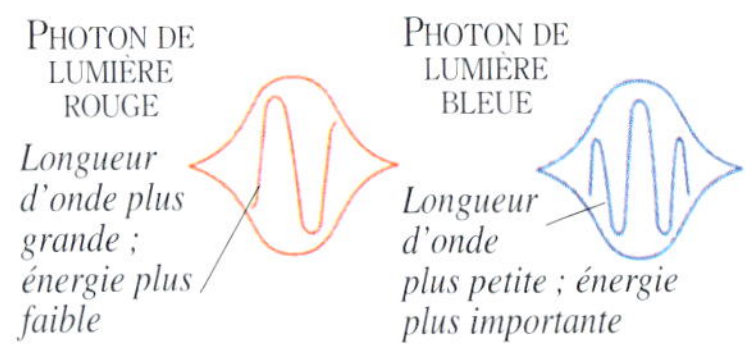

CORPUSCULES : un rayonnement est aussi la propagation d'un flux de grains d'énergie appelés photons. La quantité d'énergie transportée dépend de la fréquence de l'onde .

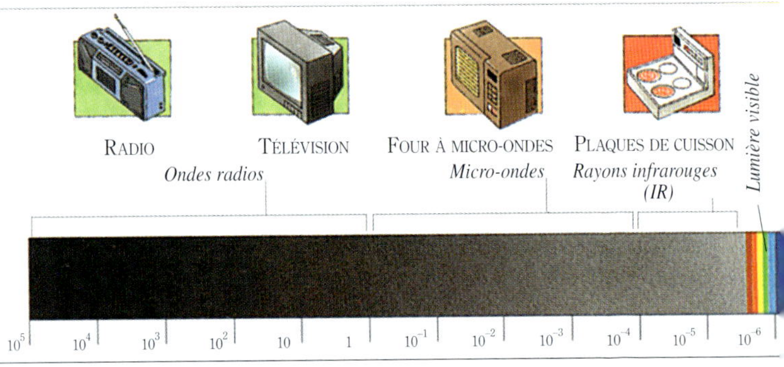

RAYONS X	
LONGUEUR D'ONDE (M)	APPLICATIONS
3×10^{-13}	Traitement des tumeurs cancéreuses
3×10^{-12}	Soudures de tuyaux en acier
1.8×10^{-11}	Radiographies de contrôle du thorax
6×10^{-9}	Traitement des maladies de la peau

LUMIÈRE FILTRÉE

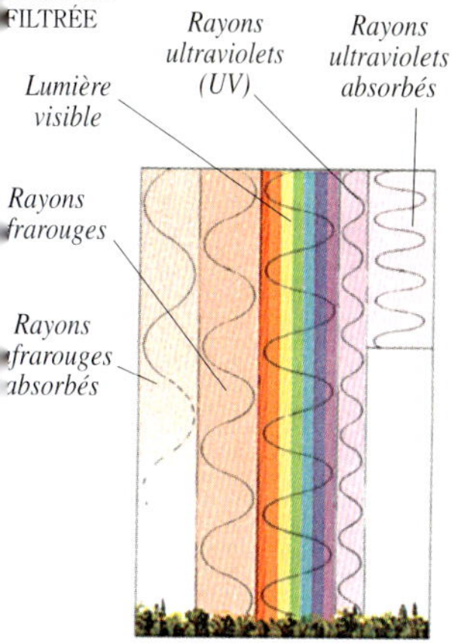

DE L'ESPACE À LA TERRE

Parmi les multiples ondes électromagnétiques transmises par le Soleil, les étoiles et les galaxies, seules les ondes lumineuses et les ondes radio traversent l'atmosphère terrestre. Les rayons infrarouges et ultraviolets sont partiellement filtrés durant ce processus.

PROPRIÉTÉS DES ONDES ÉLECTROMAGNÉTIQUES

Une onde électromagnétique :

- Transporte de l'énergie d'un endroit à un autre.
- Peut être émise ou absorbée par la matière.
- Se propage dans le vide.
- Se propage à la vitesse de 3 x 108 m/s dans le vide.
- Est une onde transversale.
- Peut être polarisée.
- Peut produire des interférences.
- Peut être réfléchie ou réfractée.
- Peut être diffractée.
- Ne porte pas de charge électrique.

LAMPE À BRONZER
Rayons ultraviolets (UV)

RADIOGRAPHIE
Rayons X

EXPLOSION NUCLÉAIRE
Rayons gamma

SPECTRE ÉLECTROMAGNÉTIQUE

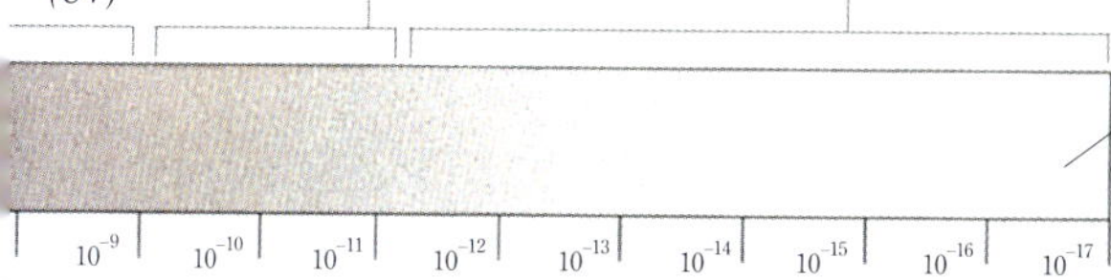

Les ondes, à cette extrémité du spectre, sont porteuses d'une énergie plus importante.

LONGUEUR D'ONDE (EN MÈTRES)

LES SOURCES DE LUMIÈRE

La lumière est une forme d'énergie produite par incandescence ou par luminescence. L'incandescence est la lumière émise par des substances brûlantes. La luminescence est l'émission d'une lumière "froide".

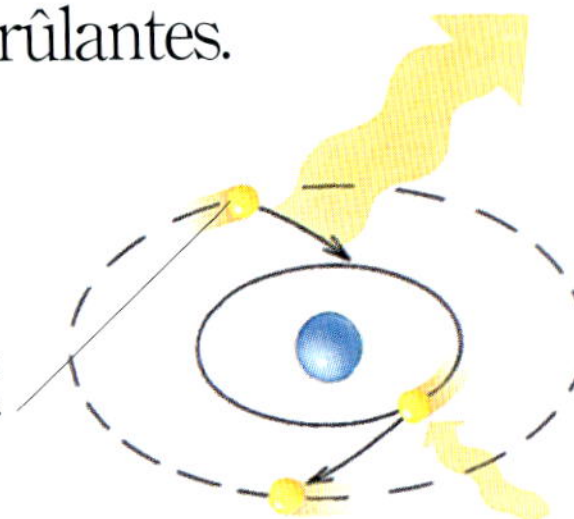

L'électron libère un photon en reprenant son orbite originale.

LUMIÈRE DU SOLEIL

La plus grande part de la lumière terrestre nous provient du Soleil, où elle est produite par incandescence. La lumière se propage dans l'espace à la vitesse de 299 792 458 m/s.

PHOTONS

Les électrons gravitant autour du noyau d'un atome absorbant de l'énergie s'éloignent du noyau. En se rapprochant, les électrons libèrent des corpuscules lumineux appelés photons.

LUMINESCENCE	
TYPE DE LUMINESCENCE	EXEMPLE
Triboluminescence Émission lumineuse liée à un phénomène de friction	Certains cristaux, tels les cristaux de sucre, émettent brièvement de la lumière lorsqu'ils sont violemment compressés.
Bioluminescence Émission d'une lumière "froide" par des organismes vivants	La lumière émise par le ver luisant provient de la combinaison de composés chimiques contenus dans son organisme. 
Phosphorescence Restitution progressive d'une énergie emmagasinée	Les peintures phosphorescentes libèrent lentement l'énergie lumineuse qu'elles absorbent. Ce phénomène est surtout visible dans l'obscurité. 
Fluorescence Restitution rapide de l'énergie lumineuse	Certains colorants contiennent des composés chimiques fluorescents qui absorbent les rayons ultraviolets et les restituent en lumière visible. 

Incandescence

Le filament en tungstène d'une ampoule à incandescence diffuse de la lumière lorsqu'il est chauffé à blanc par un courant électrique. L'ampoule est remplie d'un gaz inerte, tel l'argon, qui ralentit la combustion du filament.

Le saviez-vous ?

- Le ver luisant émet de la lumière pour rechercher un partenaire sexuel.
- Le mot laser est l'abréviation de "Light Amplification by Stimulated Emission of Radiation" (amplification de lumière par émission stimulée de radiations).

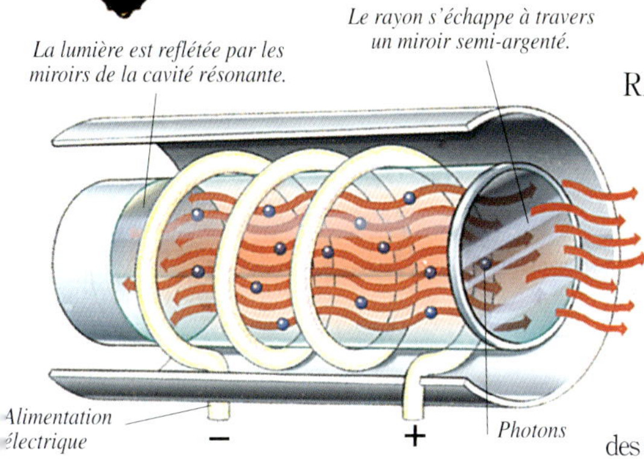

Rayon laser

L'énergie lumineuse issue d'un laser est très intense. Le principe du laser consiste à exciter les atomes d'un corps à l'intérieur d'une cavité résonante délimitée par deux miroirs, pour ensuite provoquer une émission de photons possédant des caractéristiques voisines.

Unité S.I.

- Le **candela** (cd) est l'unité S.I. d'intensité lumineuse. Une source lumineuse de 1 candela équivaut à l'intensité lumineuse produite par la flamme d'une bougie.
- Le **lux** (lx) est l'unité S.I. d'éclairement lumineux. Une source lumineuse d'une intensité de 1 candela provoque un éclairement lumineux de 1 lux sur une surface de 1 m^2 placée à une distance de 1 m.

Tube à décharge

C'est un tube rempli de gaz dans lequel sont placés deux électrodes. Activé par un courant électrique circulant entre les deux électrodes, le gaz diffuse de la lumière. La plupart des réverbères sont équipés de tubes à décharge à vapeur de sodium.

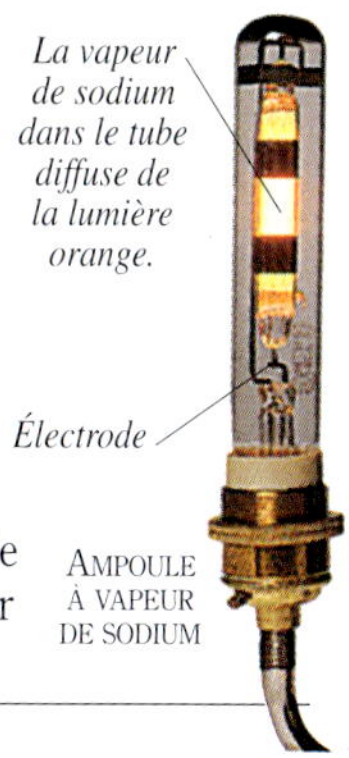

Ampoule à vapeur de sodium

LUMIÈRE ET MATIÈRE

La lumière traverse les matériaux transparents, mais elle est arrêtée par les matériaux opaques ; les matériaux translucides laissent passer les rayons en les dispersant ; les matériaux réfléchissants les renvoient. Les mirages sont des illusions d'optique créées par la déviation de la lumière.

INDICE DE RÉFRACTION

La vitesse de la lumière varie selon la nature de la substance qu'elle traverse. C'est pourquoi un rayon lumineux est réfracté ou dévié lorsqu'il traverse obliquement deux substances transparentes (air et eau) de nature différente.

$$\text{Indice de réflexion} = \frac{\text{vitesse de la lumière dans le vide}}{\text{vitesse de la lumière dans le matériau}}$$

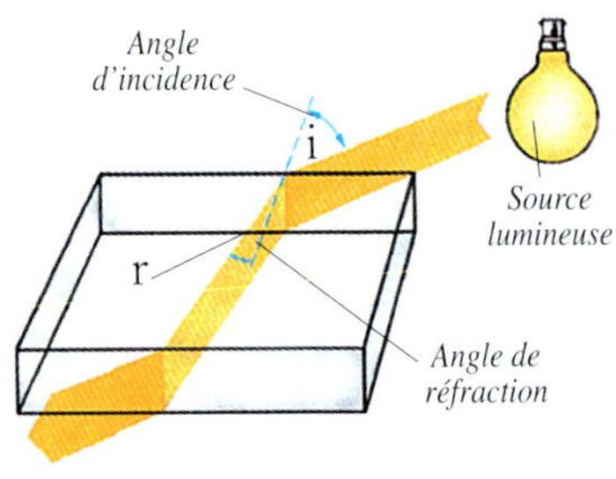

SUBSTANCE	INDICE DE RÉFRACTION	VITESSE DE LA LUMIÈRE (KM/S)
Air	1	300 000
Eau	1,33	225 000
Plexiglas	1,40	210 000
Verre ordinaire	1,60	185 000
Diamant	2,40	125 000

La loi de Descartes permet de calculer l'indice de réfraction à partir des angles d'incidence et de réfraction du rayon lumineux.

$$\text{Indice de réfraction} = \frac{\sin i}{\sin r}$$

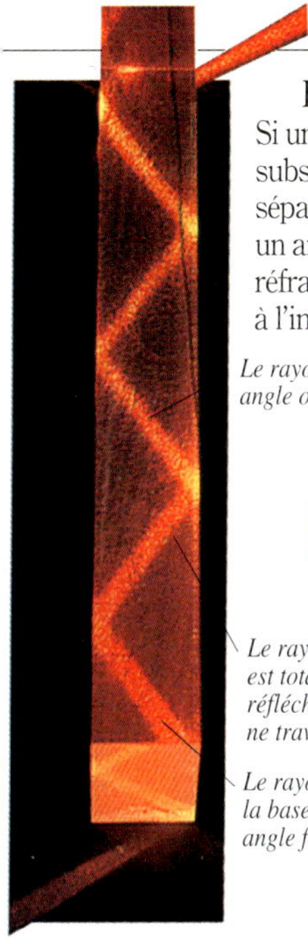

Réflexion totale

Si un rayon lumineux traversant une substance transparente frappe la paroi séparant cette substance de l'air selon un angle supérieur à l'angle limite de réfraction, il est intégralement réfléchi à l'intérieur de cette substance.

Réflexion totale

Substance	Angle limite
Eau	49°
Verre	42°
Diamant	24°

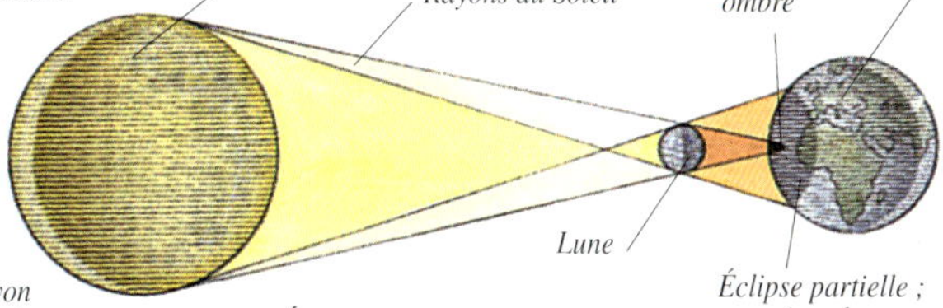

Éclipse solaire

Durant une éclipse solaire, la Lune opaque projette une ombre sur la Terre. L'obscurité est totale au centre de la surface ombrée (éclipse totale) et partielle dans la zone de pénombre.

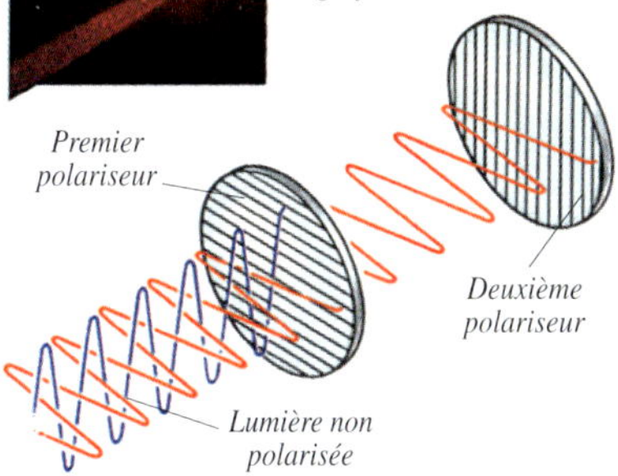

Polarisation

Le champ électrique d'un rayon lumineux vibre dans toutes les directions. Un polariseur ne laisse passer que les rayons dont les champs vibrent dans une direction donnée. Les lunettes de soleil utilisent ce procédé.

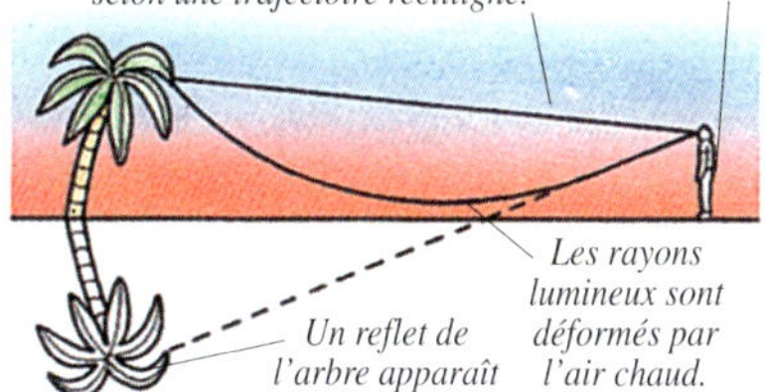

Les mirages

La lumière est réfractée lorsqu'elle traverse des couches d'air de températures différentes. Ici, les rayons se propageant du haut du palmier vers le sol sont déviés par la couche d'air chaud ; le reflet du palmier semble renvoyé par une étendue d'eau.

Lentilles et miroirs

Les lentilles sont des blocs de verre incurvés, capables de faire converger ou diverger les rayons lumineux. Les miroirs reflètent intégralement la lumière ; incurvés, ils peuvent concentrer ou faire diverger les rayons lumineux.

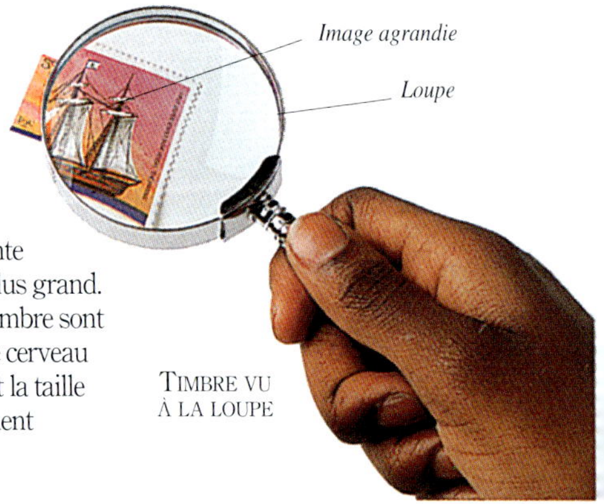

TIMBRE VU À LA LOUPE

Grossir

Vu au travers d'une lentille convergente (convexe), ce timbre-poste apparaît plus grand. Les rayons lumineux provenant du timbre sont concentrés vers l'œil par la lentille ; le cerveau traduit ce phénomène en augmentant la taille du timbre. La capacité de grossissement d'une lentille convergente croît avec son rayon de courbure.

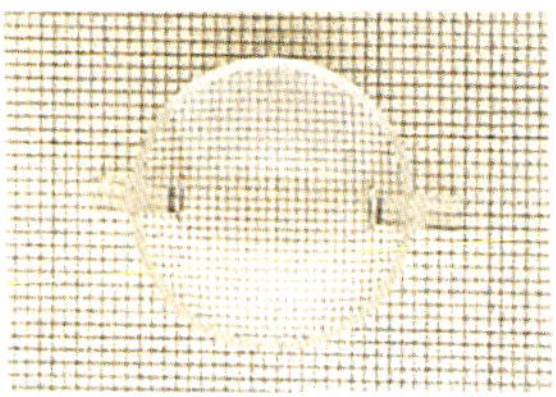

Rétrécir

Cette lentille divergente (concave) réduit les cases de ce dessin. Les rayons lumineux provenant du dessin divergent ; notre cerveau traduit cette altération en diminuant la taille des cases dans la partie observée.

Focale et foyer

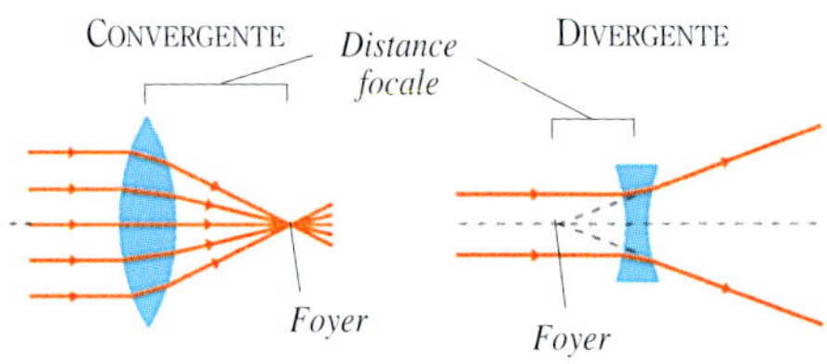

Une lentille convergente concentre les rayons lumineux vers un point appelé foyer. La distance séparant ce point du centre de la lentille est la distance focale. Une lentille divergente écarte les rayons lumineux ; ceux-ci semblent alors provenir d'un foyer situé derrière la lentille.

IMAGE VIRTUELLE

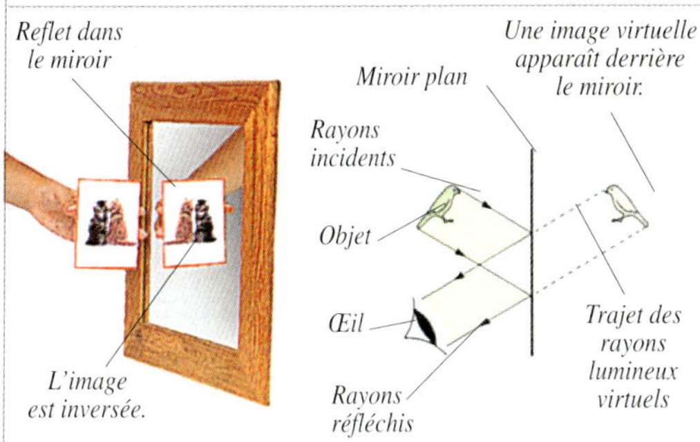

Lorsqu'un miroir reflète vers l'œil les rayons lumineux émis par un objet, le cerveau interprète le trajet de ces rayons comme rectiligne et reconstitue une image virtuelle qui semble être située derrière le miroir.

LOI DE LA RÉFLEXION

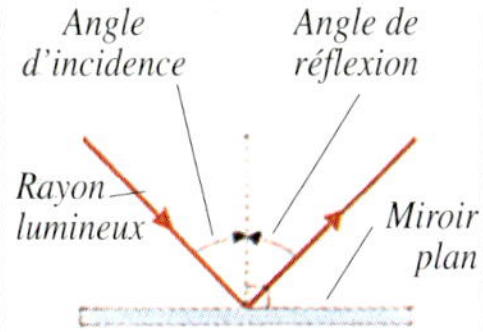

L'angle de réflexion d'un rayon lumineux sur une surface (angle selon lequel il est renvoyé par la surface) est égal à son angle d'incidence (angle selon lequel il frappe la surface).

LE CINÉMA

Par le biais de lentilles convergentes et de miroirs concaves, la lumière peut former une image réelle sur une surface. Un projecteur de cinéma envoie des rayons lumineux à travers un film aux images inversées. L'image projetée sur l'écran apparaît à l'endroit.

MIROIRS CONVEXES ET CONCAVES

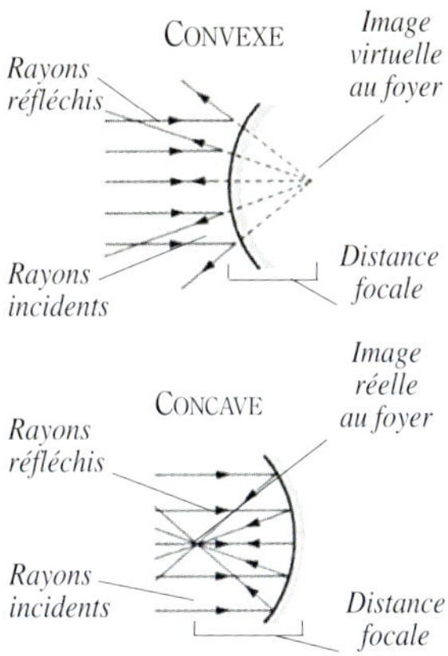

Lorsque des rayons lumineux parallèles frappent un miroir convexe, les reflets divergent et semblent issus d'un foyer situé derrière le miroir. Lorsque les rayons parallèles frappent un miroir concave, les reflets convergent vers un foyer situé devant le miroir.

Le spectre visible

La lumière est constituée d'ondes électromagnétiques. La lumière blanche est un ensemble de lumières de couleurs différentes possédant chacune une fréquence et une longueur d'onde distincte. L'ensemble de ces couleurs forme le spectre visible. L'œil et le cerveau détectent chaque couleur en fonction de sa longueur d'onde.

Décomposition de la lumière

Traversé par un rayon de lumière blanche, un prisme réfracte inégalement les ondes de longueurs d'onde différentes, formant ainsi le spectre coloré des rayons visibles.

Chaleur, lumière et couleur

Les atomes d'un objet chauffé émettent des rayonnements rouges. Lorsque l'on augmente la température, les rayons émis ont une longueur d'onde de plus en plus courte ; l'objet devient orange puis jaune. À très haute température, les atomes diffusent dans l'ensemble du spectre ; l'objet devient blanc.

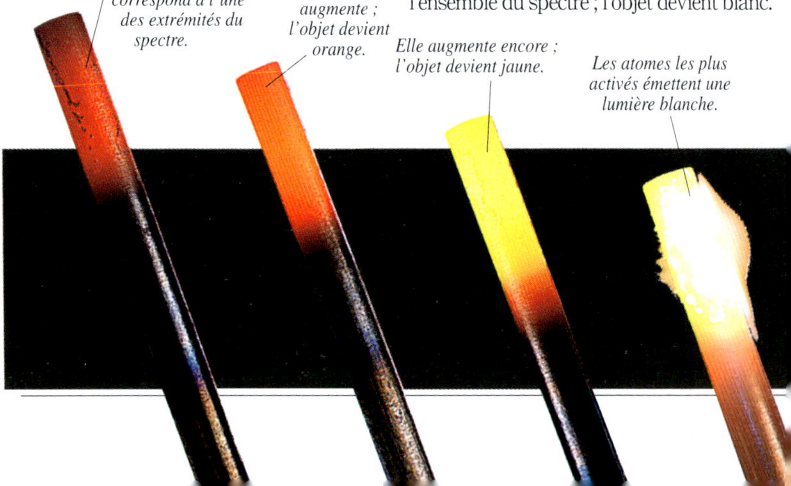

DIFFRACTION

Une onde électromagnétique est soumise à une diffraction lorsqu'elle est canalisée par une petite ouverture ou détournée par un obstacle. Un réseau de diffraction peut être réalisé en gravant sur une plaque de verre une série de traits identiques. Ici, la rencontre des rayons dessinent des bandes colorées.

COULEURS DU CIEL

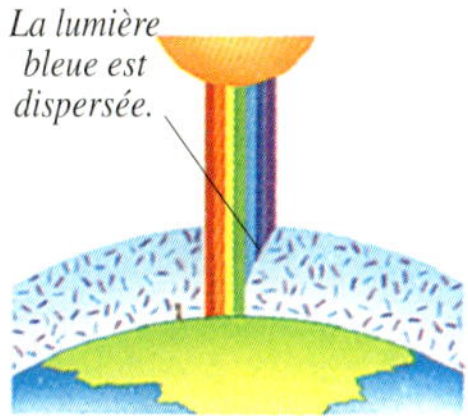

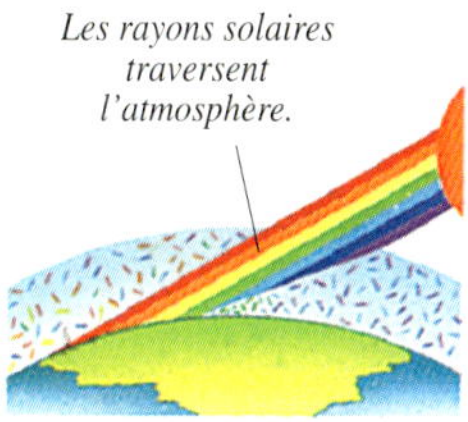

CIEL BLEU : la lumière blanche émise par le Soleil est dispersée par les molécules de l'atmosphère terrestre. Cette dispersion est plus importante pour les rayonnements de couleur bleue ; c'est pourquoi le ciel nous apparaît de cette teinte.

CIEL ROUGE : lorsque le Soleil est bas sur l'horizon, le ciel prend une couleur rouge ; l'angle d'incidence des rayons solaires sur l'atmosphère augmente la dispersion des rayons bleus. Seules les ondes rouges et orange sont alors perçues par notre œil.

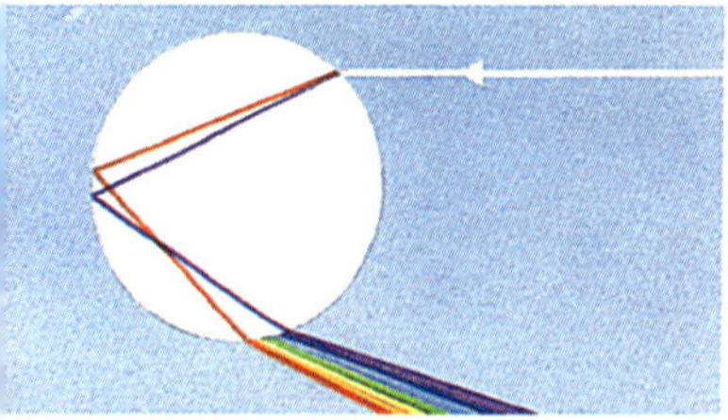

ARC-EN-CIEL

La formation d'un arc-en-ciel est dû à la réfraction de la lumière solaire par des gouttes de pluie. Agissant comme des prismes, celles-ci décomposent la lumière solaire et en réfléchissent le spectre coloré dans le ciel sous la forme d'un arc.

COULEURS, LONGUEURS D'ONDE ET FRÉQUENCES

La longueur d'onde et la fréquence des rayons lumineux de couleur varient en fonction de l'énergie transportée. Un rayon de couleur rouge véhicule moins d'énergie qu'un rayon de couleur violette.

COULEUR	LONGUEUR D'ONDE (M)	FRÉQUENCE (Hz)
Violet	$3{,}9\text{-}4{,}5 \times 10^{-7}$	$6{,}7\text{-}7{,}7 \times 10^{14}$
Bleu	$4{,}5\text{-}4{,}9 \times 10^{-7}$	$6{,}1\text{-}6{,}7 \times 10^{14}$
Vert	$4{,}9\text{-}5{,}8 \times 10^{-7}$	$5{,}3\text{-}6{,}1 \times 10^{14}$
Jaune	$5{,}8\text{-}6{,}0 \times 10^{-7}$	$5{,}1\text{-}5{,}3 \times 10^{14}$
Orange	$6{,}0\text{-}6{,}2 \times 10^{-7}$	$4{,}8\text{-}5{,}1 \times 10^{14}$
Rouge	$6{,}2\text{-}7{,}7 \times 10^{-7}$	$3{,}9\text{-}4{,}8 \times 10^{14}$

Mélanger les couleurs

Un objet doit sa couleur au fait qu'il absorbe certains rayons lumineux et réfléchit les autres. C'est la synthèse soustractive. La formation de teintes nouvelles par l'association de rayons de couleurs différentes est une synthèse additive. Pour chacun de ces deux procédés, trois couleurs, appelées couleurs primaires, ne peuvent être obtenues par des mélanges.

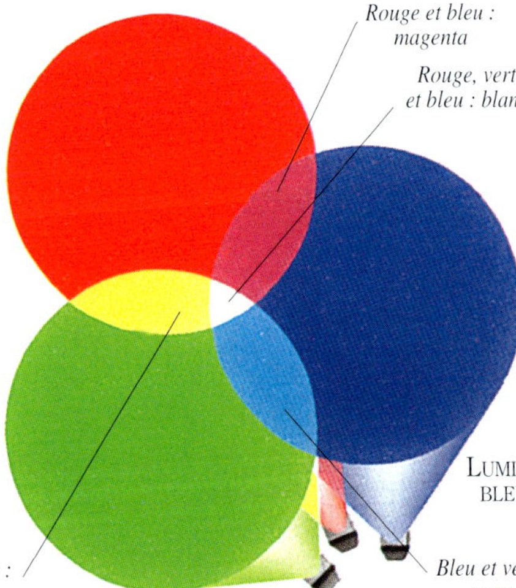

SYNTHÈSE ADDITIVE
Rouge, vert et bleu sont les 3 couleurs primaires du procédé de synthèse additive. Ces trois teintes mêlées produisent une lumière blanche. Le mélange de 2 couleurs primaires donne naissance à une couleur complémentaire. Jaune, magenta et cyan sont les 3 couleurs complémentaires du procédé de synthèse additive.

Les chaussures absorbent les rayons rouges et reflètent tous les autres.

LUMIÈRE BLANCHE

Sous une lumière bleue, le pigment rouge absorbe les rayons bleus.

LUMIÈRE BLEUE

FILTRES COLORÉS
Un filtre coloré absorbe les rayons d'une certaine couleur tout en laissant passer les autres. En plaçant un filtre bleu devant une source de lumière blanche, on obtient une lumière bleue ; le filtre absorbe les rayons verts et rouges du spectre.

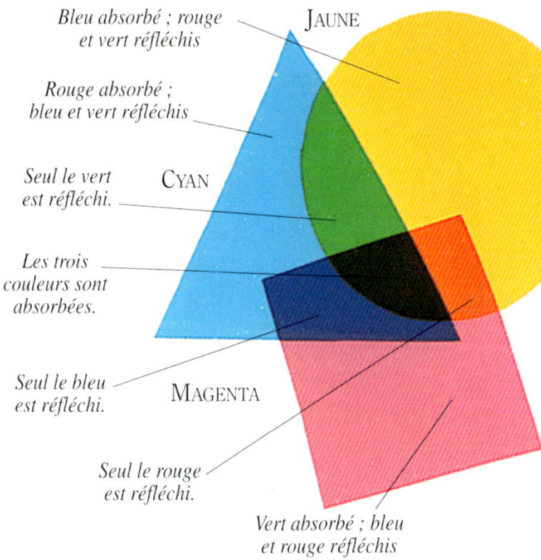

SYNTHÈSE SOUSTRACTIVE

Jaune, cyan et magenta sont les 3 couleurs primaires de la synthèse soustractive. L'encre jaune “soustrait” les rayons bleus de la lumière blanche et en réfléchit les rayons verts et rouges ; leur mélange donne naissance au jaune perçu par l'œil. Rouge, bleu et vert sont les 3 couleurs complémentaires du procédé de synthèse soustractive. Associé au cyan, le jaune absorbe les rayons bleus et rouges : la teinte verte apparaît.

QUADRICHROMIE

JAUNE

MAGENTA

CYAN

NOIR

IMAGE IMPRIMÉE

Ce procédé d'imprimerie permet la restitution des couleurs originales d'une image par impressions successives de trois couleurs (jaune, magenta et cyan). Une surimpression en noir permet de mieux définir les contours des objets représentés. Il faut changer de plaque d'impression pour chaque couleur.

Les instruments d'optique

Les télescopes nous rendent accessibles les étoiles les plus éloignées ; les microscopes nous permettent d'observer en détail des objets de taille infime. Au moyen de lentilles et de miroirs, les instruments d'optique nous ouvrent la porte sur un monde invisible à l'œil nu.

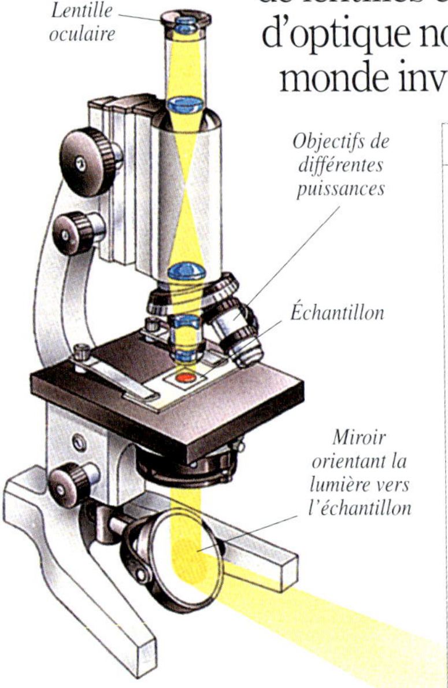

MICROSCOPE
Il fonctionne grâce à plusieurs lentilles. L'échantillon observé est agrandi une première fois à travers un objectif puissant. L'image est à nouveau agrandie par une lentille oculaire qui agit comme un verre grossissant. L'adaptation de lentilles auxiliaires permet une mise au point parfaite.

Télescopes

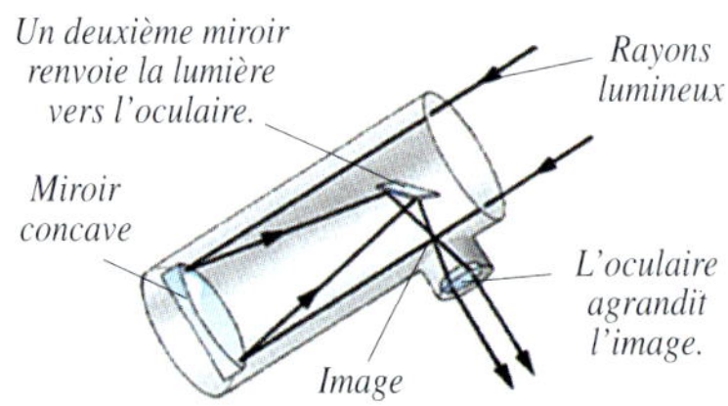

TÉLESCOPE (RÉFLECTEUR) : il forme une image au moyen d'un miroir concave de grande taille qui concentre la lumière.

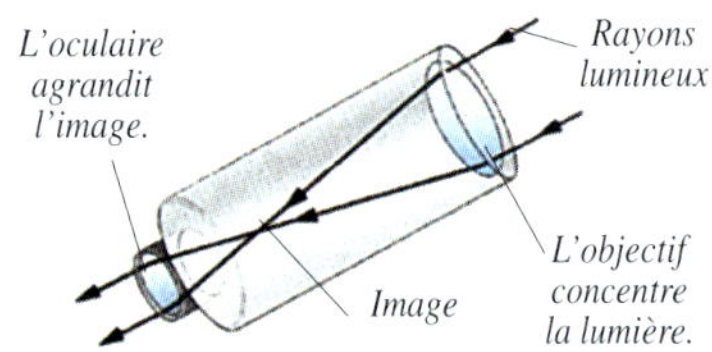

LUNETTE ASTRONOMIQUE (RÉFRACTEUR) : elle forme une image inversée d'un objet au moyen d'une lentille convergente qui réfracte la lumière.

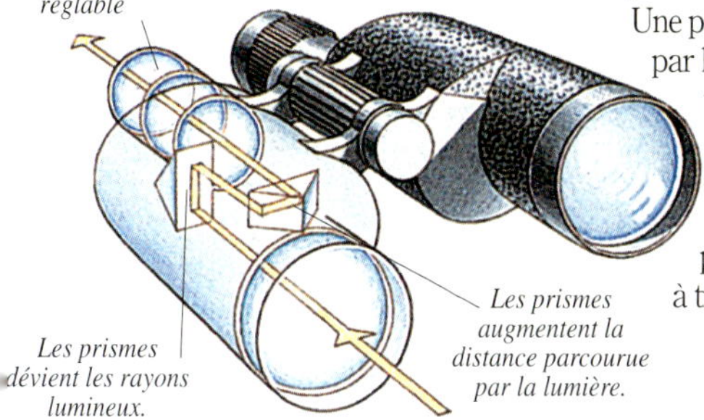

Jumelles

Une paire de jumelles est formée par l'assemblage de deux lunettes télescopiques contenant chacune un couple de prismes. Les prismes réfractent les rayonnements lumineux émis par un objet lointain pour former une image visible à travers un oculaire réglable.

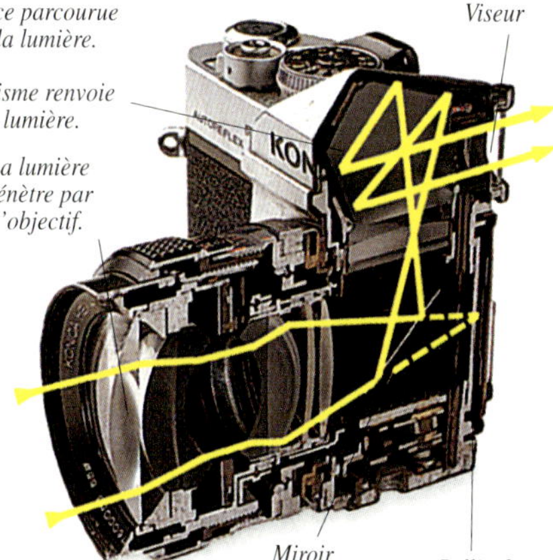

Appareil photo reflex

L'image perçue dans le viseur est celle qui sera imprimée sur la pellicule. La lumière qui pénètre par l'objectif est orientée vers le viseur par le biais d'un miroir et d'un prisme. L'actionnement du déclencheur escamote le miroir, permettant à la lumière d'impressionner directement la pellicule.

Endoscope

Ce tube souple contenant des fibres optiques, permet d'observer l'intérieur du corps humain. Les fibres optiques véhiculent la lumière vers la partie du corps observée et convoient en retour l'image recueillie vers une lentille oculaire.

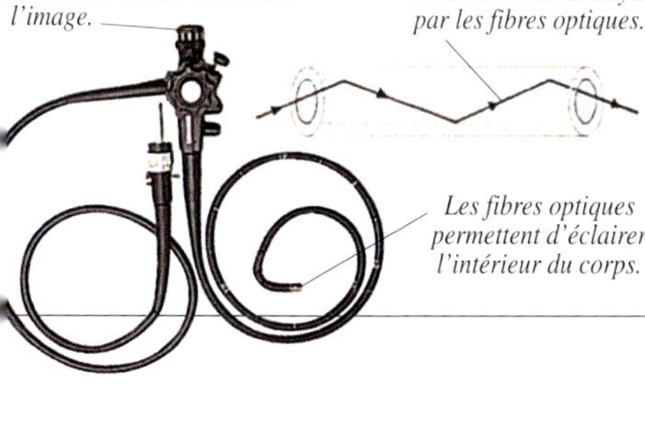

Grossissement

Un télescope d'un grossissement de 100 multiplie les dimensions des objets observés par 100. Pour une lunette astronomique, le grossissement est égal au rapport de la distance focale de l'objectif à celle de l'oculaire.

LE SON

Les ondes sonores

Le son est une onde produite par la vibration d'un corps. Les ondes sonores perçues par notre oreille lorsque nous parlons ont pour origine la mise en vibration de nos cordes vocales. Les ondes sonores peuvent se propager dans les corps solides, liquides et gazeux, mais pas dans le vide ; elles ont besoin d'un milieu matériel pour se propager.

Composition d'une onde sonore

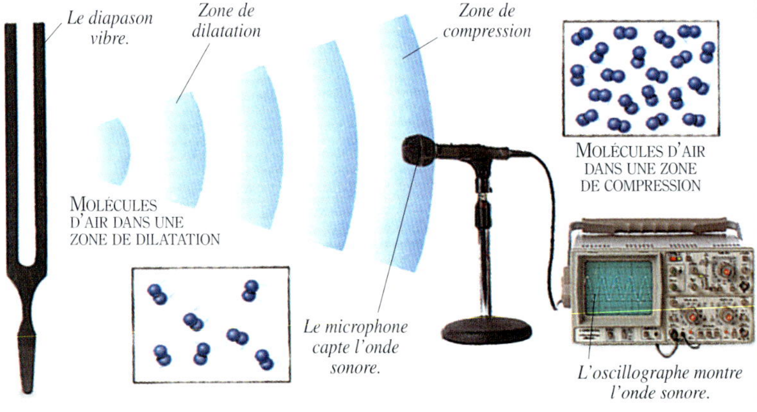

Zones de compression : les vibrations émises par le diapason créent des variations de pression dans l'air environnant. En se déplacant vers l'extérieur, les branches du diapason compriment les couches d'air adjacentes et génèrent des zones de compression.

Zones de dilatation : en se déplacant vers l'intérieur, les branches du diapason provoquent une expansion des couches d'air avoisinantes, donnant des zones de dilatation. Le déplacement de ces zones juxtaposées constitue une onde sonore.

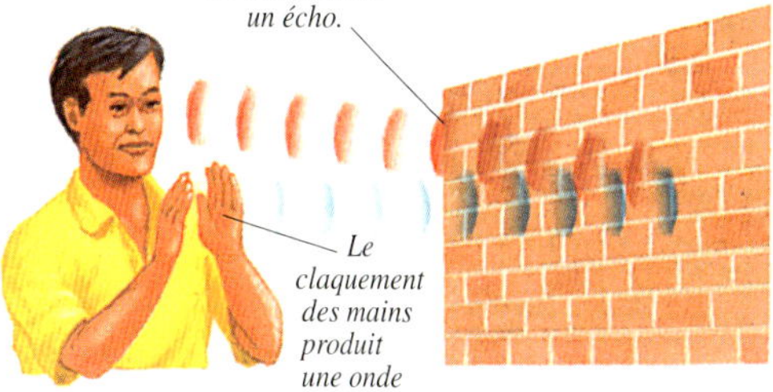

SONAR
Le sonar d'un bateau émet des ondes ultra-sonores dont la fréquence est supérieure à 20 000 Hz. Ces ondes sont en partie renvoyées par les fonds ou les objets sous-marins. Le temps écoulé entre l'envoi de l'onde et sa réflexion indique la profondeur.

ÉCHO
L'écho se produit lorsqu'une onde sonore est renvoyée vers sa source par un obstacle. La plupart des sons de la vie quotidienne sont formés par la combinaison d'une onde sonore et de ses échos.

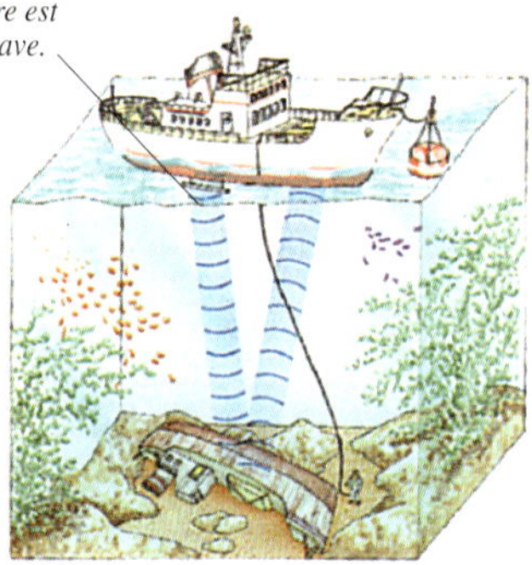

VITESSE DU SON
Le son se propage plus ou moins vite selon le milieu matériel traversé et la température. Sauf indication, les valeurs données ici correspondent à un milieu d'une température de 20 °C.

MILIEU MATÉRIEL	VITESSE (M/S)	PIED / SEC
Caoutchouc	54	177
Dioxyde de carbone	260	853
Air à 0 °C	331	1 086
Air à 20 °C	343	1 125
Air à 100 °C	390	1 280
Liège	500	1 640
Eau à 0 °C	1 284	4 213
Hydrogène	1 286	4 219
Eau à 20 °C	1 483	4 865
Bois (chêne)	3 850	12 631
Acier	5 060	16 601

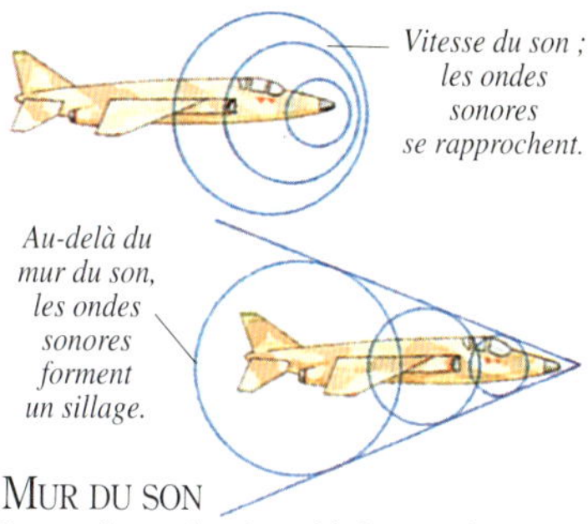

MUR DU SON
Lorsqu'un avion franchit le mur du son, l'addition des ondes sonores à l'avant de l'appareil provoquent une forte onde de choc. Le phénomène se traduit par un "bang" sonique souvent perçu au sol.

La mesure du son

L'intensité d'un son, mesurée en décibels, est fonction de l'amplitude des vibrations de l'onde sonore ; plus cette amplitude est importante, plus le son est puissant. La hauteur d'un son est liée à son caractère grave ou aigu, c'est-à-dire au nombre de vibrations par seconde (fréquence) de l'onde sonore. La fréquence d'une onde, qu'elle soit sonore, lumineuse ou radio, est exprimée en hertz (Hz).

Formes d'ondes

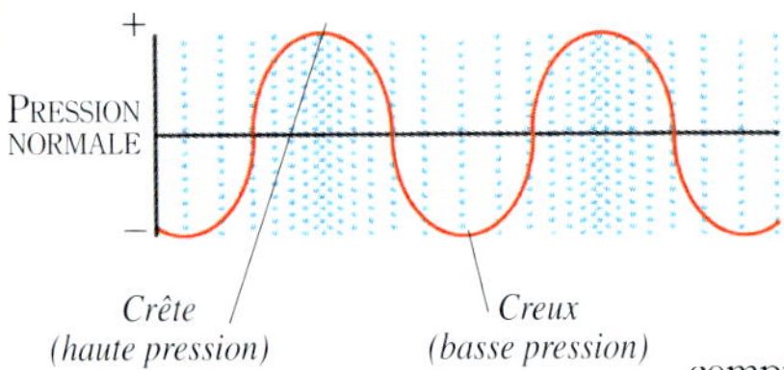

Visualisation des ondes sonores
Transcrite sur un écran ou une feuille de papier, une onde sonore simple est une courbe appelée sinusoïde. Les crêtes et les creux de la sinusoïde correspondent aux zones de compression et de dilatation de l'onde sonore.

Faible intensité
Une onde sonore de faible intensité produit une sinusoïde de faible amplitude.

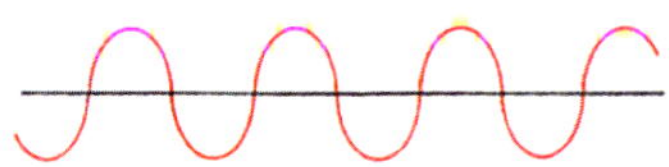

Forte intensité
L'amplitude de la vibration augmente avec l'intensité du son.

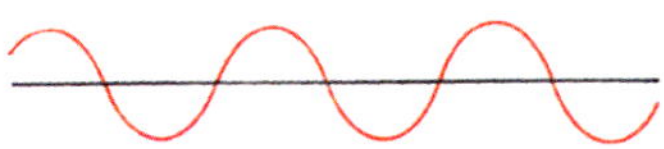

Faible hauteur (son grave)
La sinusoïde d'une onde sonore grave présente une basse fréquence de vibration.

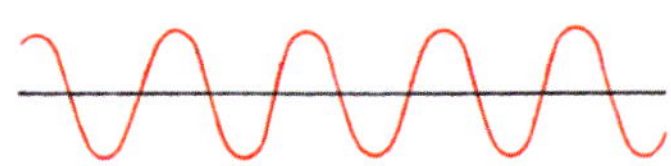

Forte hauteur (son aigu)
Lorsque le son devient plus aigu, la fréquence des vibrations augmente.

Niveaux sonores			
Niveau en décibels (dB)	Pression sonore en pascals (Pa)	Intensité sonore en watts par mètre carré (W/m^2)	Nature du son
140	300	100	Décollage d'une fusée à moins de 100 m (dommage auditif définitif)
120	30	1	Décollage d'un avion à réaction à moins de 100 m (seuil de la douleur)
100	3	10^{-2}	Concert de rock
80	0,3	10^{-4}	Claquement de porte ; trafic urbain important
60	0,03	10^{-6}	Conversation normale
30	0,0009	10^{-9}	Chuchotements
10	0,00009	10^{-11}	Chute d'une feuille d'arbre
0	0,00002	10^{-12}	Seuil de l'audition humaine

Les animaux et les sons

De nombreux animaux perçoivent plus de fréquences sonores qu'ils n'en produisent. Le registre des fréquences émises par l'homme est peu étendu. Les sons situés en deçà du seuil de l'audition humaine sont appelés des infrasons.

Chauve-souris
Émission
10 000-120 000 Hz
Perception
1 000-120 000 Hz

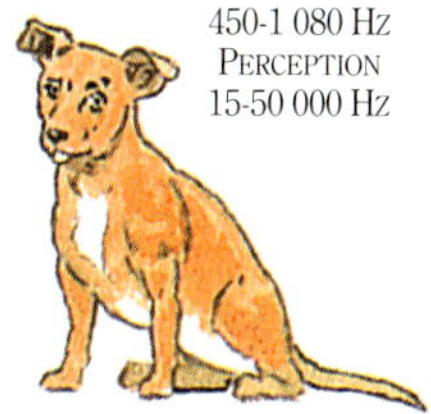

Chien
Émission
450-1 080 Hz
Perception
15-50 000 Hz

Homme
Émission
85-1 100 Hz
Perception
20-20 000 Hz

Criquet
Émission
7 000-100 000 Hz
Perception
100-15 000 Hz

Décibel

L'échelle des décibels, qui permet de mesurer l'intensité des sons, est une échelle logarithmique. Une augmentation de 10 dB correspond à une intensité multipliée par 10. Un son de 40 dB est 100 fois plus intense qu'un son de 20 dB.

La texture du son

Une note produit un son d'une texture différente selon qu'elle est jouée sur un piano ou une guitare. Cette variation est liée à la vibration particulière propre à chacun de ces instruments. La hauteur d'un son définit son caractère grave ou aigu. En architecture, l'acoustique d'un bâtiment caractérise la façon dont il altère les sons qui y sont produits.

TIMBRE MUSICAL

Le timbre d'un instrument dépend de la régularité des variations de pression produites par son onde sonore. Le timbre d'un diapason est clair car son onde sonore produit une variation de pression régulière. Le timbre d'un violon est plus dur car son onde sonore produit des variations irrégulières.

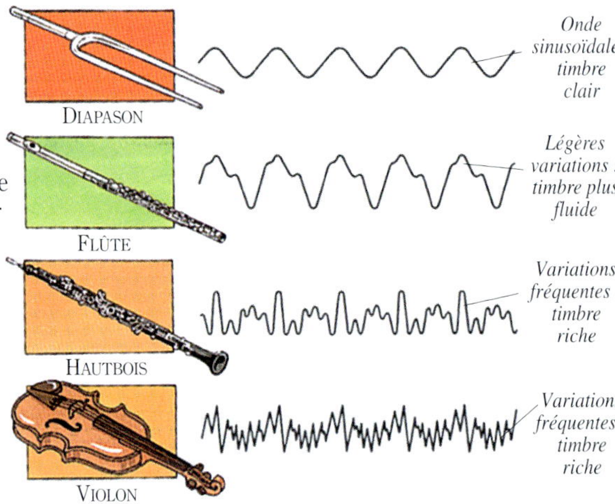

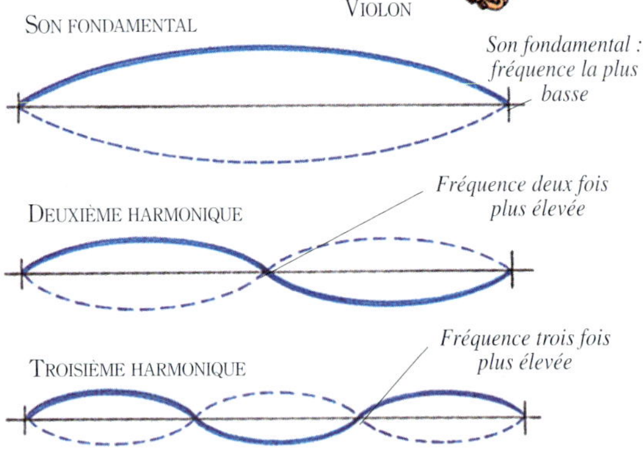

HARMONIQUES

Un harmonique est un son dont la fréquence est un multiple entier de celle d'un son de base appelé fondamental. La note produite par un instrument est la combinaison d'un son fondamental, qui possède la fréquence la plus basse, et de plusieurs harmoniques.

Intérieur d'une flûte

Lorsque l'on souffle dans une flûte, la colonne d'air située à l'intérieur de l'instrument vibre. La hauteur de la note est déterminée par la longueur de cette colonne ; raccourcie, elle vibre plus vite et produit un son plus aigu. On modifie la longueur de la colonne d'air, et donc la hauteur de la note, par obturation des trous le long de la flûte.

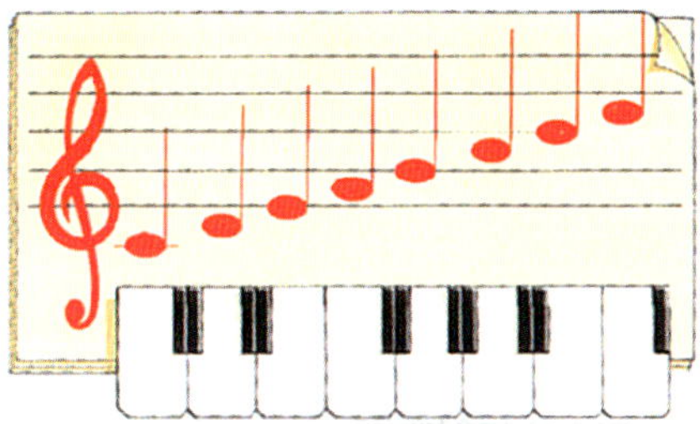

Gammes

Séquence de sons musicaux (notes) qui croissent de façon graduelle et harmonieuse. Dans une gamme de huit notes, la fréquence de la note la plus basse est égale à la moitié de celle de la note la plus haute.

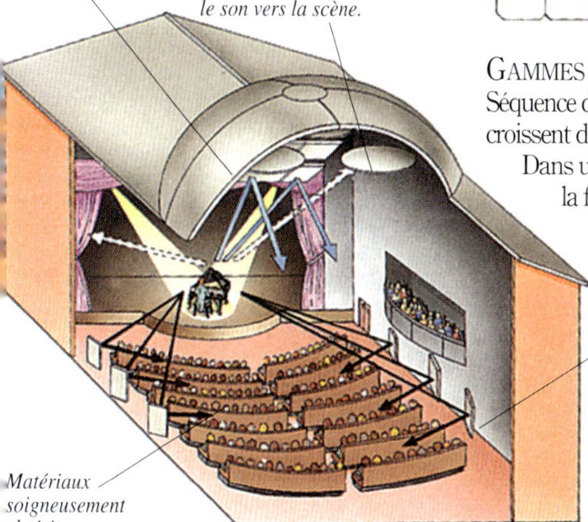

Son et architecture

Afin de préserver la qualité des sons, les concepteurs de salles de concert doivent maîtriser les phénomènes d'écho. Les matériaux utilisés obéissent à de stricts critères d'isolation sonore. Répartis dans la salle, des panneaux sonores orientent le son vers les auditeurs.

Le saviez-vous ?

- L'acoustique architecturale fut étudiée pour la première fois par le physicien américain Wallace Sabine (1868-1919).
- La fréquence de vibration du do central d'un piano est de 256 Hz.

L'ENREGISTREMENT DU SON

Les ondes sonores peuvent être reproduites sous la forme de signaux magnétiques pour un magnétophone, d'un microsillon pour un disque ou de micro-trous pour un CD. L'enregistrement se fait grâce à un microphone, qui transforme les ondes sonores en impulsions électriques.

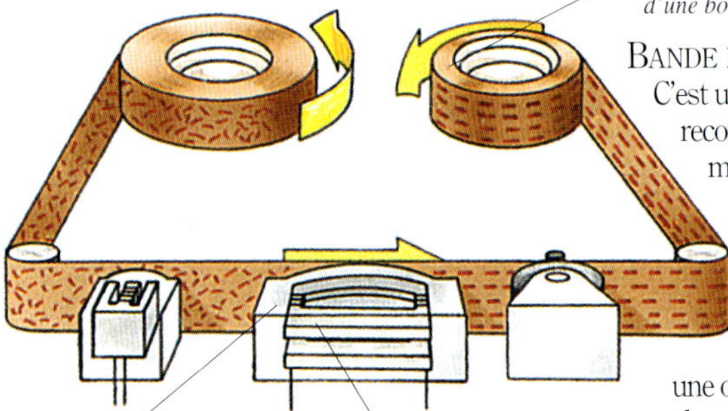

Bande magnétique

C'est un ruban de plastique recouvert de particules magnétiques. Lors de l'enregistrement, la tête produit un champ magnétique d'intensité variable pour chaque son, auquel correspond une orientation particulière des particules magnétiques.

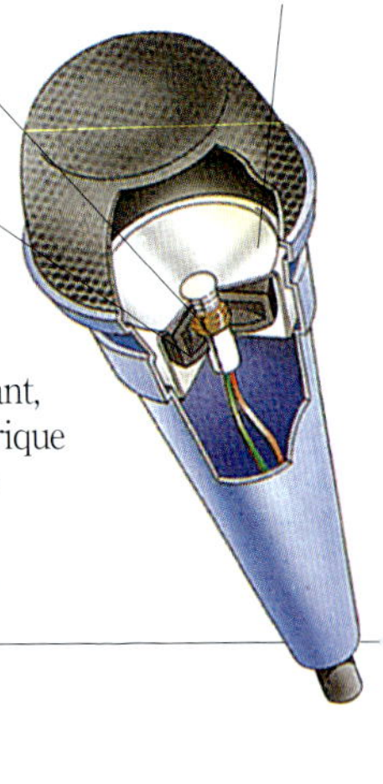

Le saviez-vous ?

- En 1877 le premier enregistrement fut réalisé par l'Américain Thomas Edison. Son phonographe "gravait" les sons sur la paroi recouverte de cire d'un cylindre.
- Le premier enregistrement sur bande magnétique fut réalisé au Danemark en 1898.

Microphone

Captées par un microphone électrodynamique, les ondes sonores provoquent la vibration d'une bobine placée dans un aimant, produisant ainsi un courant électrique d'intensité variable. Chaque onde sonore est transcrite par une impulsion électrique particulière.

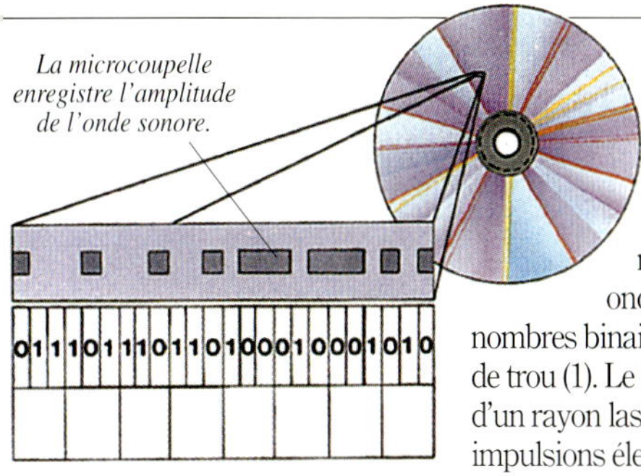

Disque compact (CD)

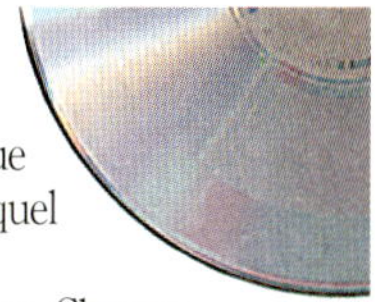

C'est un petit disque en plastique sur lequel sont gravées de minuscules perforations. Chaque onde sonore est transcrite en une séquence de nombres binaires traduite par un trou (0) ou une abscence de trou (1). Le lecteur déchiffre ces séquences au moyen d'un rayon laser (réfléchi ou non) et les transforme en impulsions électriques envoyées aux haut-parleurs.

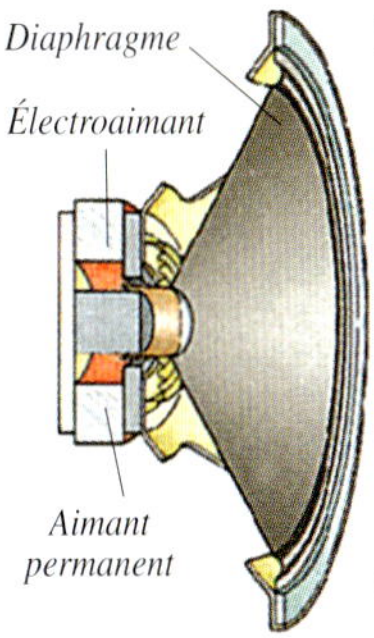

Haut-parleur

Les impulsions électriques transmises à un haut-parleur produisent un champ magnétique d'intensité variable autour d'un électroaimant. Celui-ci est relié à un diaphragme dont les vibrations produisent des ondes sonores.

Disque

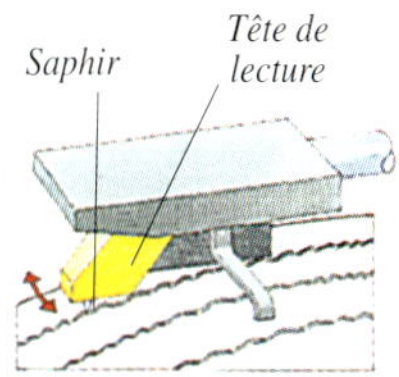

Les ondes peuvent être transcrites sous la forme d'un microsillon sur un disque en vinyle. Le saphir se déplace le long du microsillon, et transforme les vibrations enregistrées en impulsions électriques qu'il transmet à la tête de lecture.

Échantillonnage

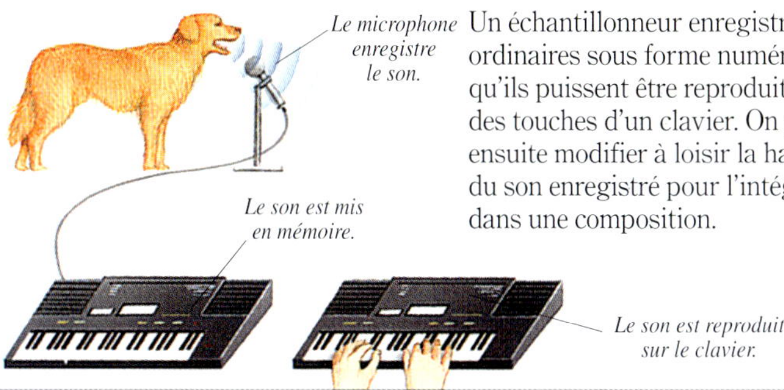

Un échantillonneur enregistre des sons ordinaires sous forme numérique afin qu'ils puissent être reproduits à partir des touches d'un clavier. On peut ensuite modifier à loisir la hauteur du son enregistré pour l'intégrer dans une composition.

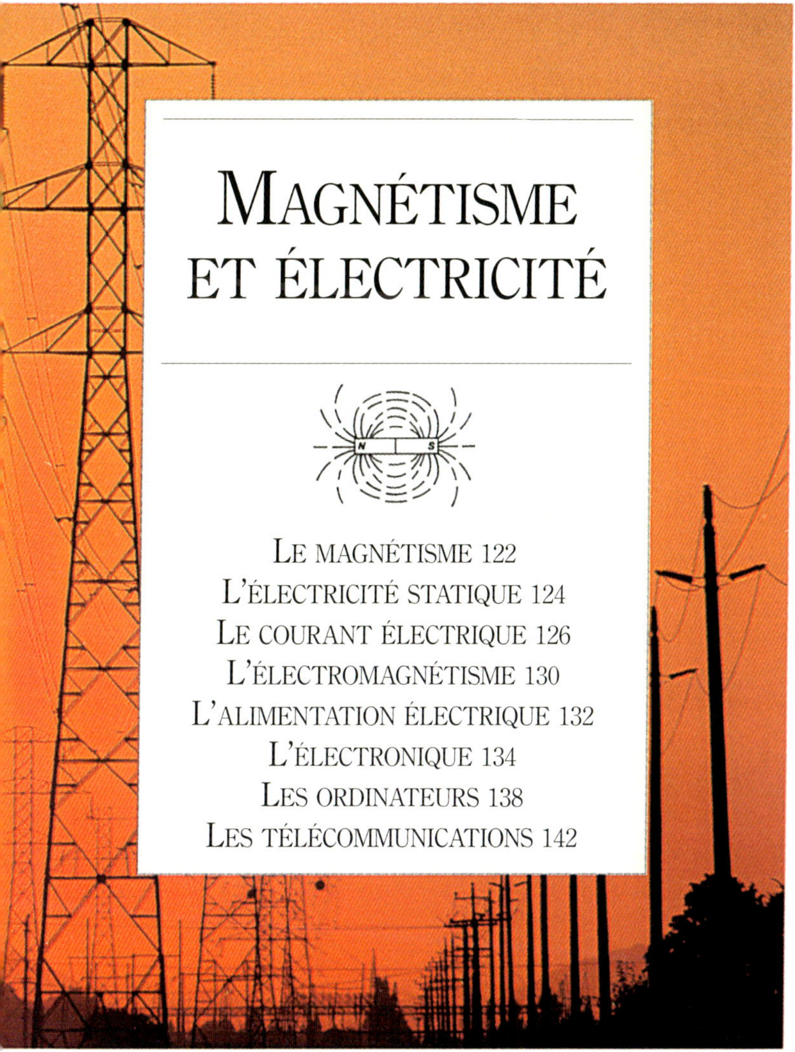

MAGNÉTISME ET ÉLECTRICITÉ

Le magnétisme

Le magnétisme désigne l'ensemble des forces invisibles exercées par les aimants et les courants. Les aimants, qui s'attirent ou se repoussent, exercent des forces magnétiques sur le fer et quelques autres métaux. Chaque aimant a deux pôles, nord et sud, où les forces sont les plus intenses.

Phénomènes magnétiques

Les aiguilles des boussoles montrent l'orientation du champ.

La limaille de fer montre les lignes du champ.

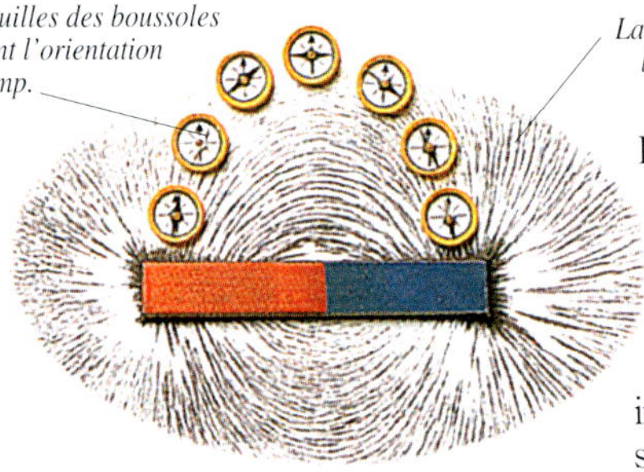

Le champ magnétique : c'est la portion d'espace dans laquelle s'exercent les forces créées par un aimant. Ici, la disposition de la limaille de fer et l'orientation de l'aiguille de chaque boussole indiquent comment ces forces se répartissent.

Pôle nord

Pôle sud

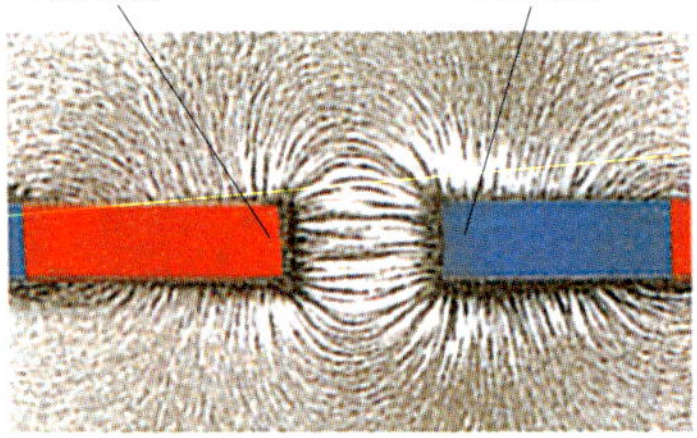

Attraction
Les pôles opposés (nord et sud) sont attirés l'un par l'autre. La disposition de la limaille de fer éparpillée autour de ces deux aimants matérialise les lignes de champ qui relient leurs pôles.

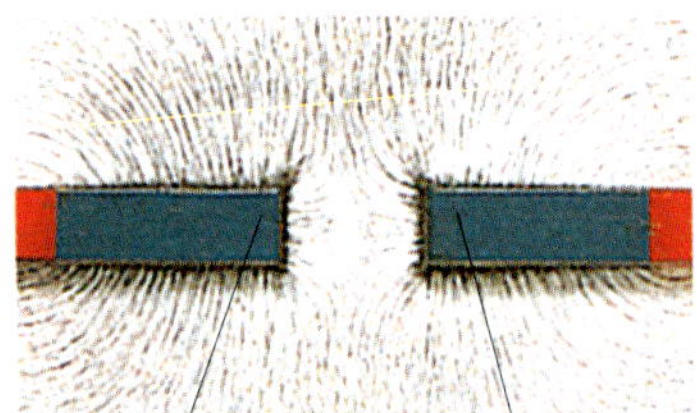

Pôle sud

Pôle sud

Répulsion
Des pôles de même nature se repoussent ; la disposition de la limaille de fer montre ce phénomène.

▶▶| www.chez.com/lalevitationmagnetique/utilisationdaimantspermanents.htm

• Le magnétisme : histoire, champ magnétique, lévitation magnétique et expérimentation.

AIMANTATION : un objet ferromagnétique est constitué d'un ensemble de “domaines”, petites zones magnétiques possédant chacune deux pôles et qui sont orientées dans toutes les directions. Sous l'influence d'un champ magnétique, les domaines s'alignent ; l'objet est magnétisé.

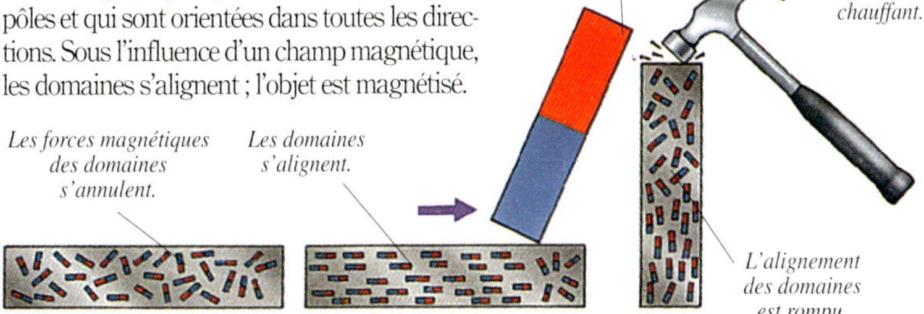

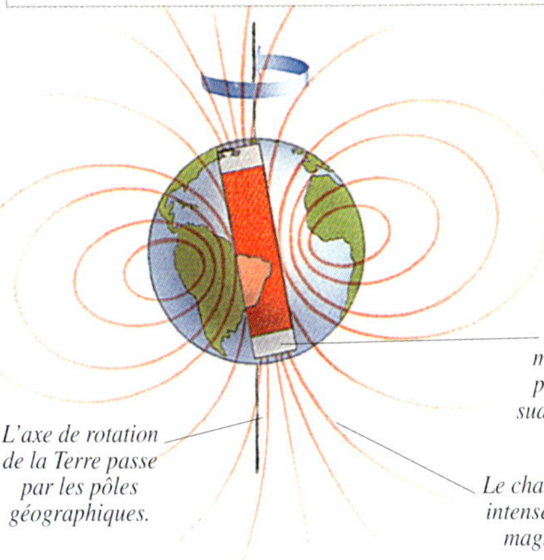

CHAMP MAGNÉTIQUE TERRESTRE

La présence de fer à l'état liquide dans le noyau terrestre confère à notre planète son propre champ magnétique. Les pôles magnétiques nord et sud de la Terre sont situés non loin des pôles géographiques.

AIMANT NATUREL

La magnétite, minerai d'oxyde de fer, est un aimant naturel. Il y a 1 500 ans, elle permettait déjà à nos ancêtres de s'orienter.

LE SAVIEZ-VOUS ?

• Les coordonnées géographiques des pôles magnétiques sont 70° N, 100° O et 68° S, 143° E. Au cours des temps géologiques, les pôles s'inversent.

• Les Chinois confectionnaient des aimants en laissant refroidir des lingots de fer alignés selon un axe nord-sud.

L'ÉLECTRICITÉ STATIQUE

L'électricité statique est une charge électrique localisée. Une charge électrostatique peut être produite par le frottement d'un ballon sur un pull-over de laine. Il y a alors transfert d'électrons entre les atomes des deux objets ; le ballon acquiert une charge négative et le pull-over une charge positive.

BALLON CHARGÉ PAR FROTTEMENT

Le ballon modifie la distribution des charges électriques du papier.

INDUCTION ÉLECTROSTATIQUE

Le ballon attire, par induction, les morceaux de papier. La charge négative du ballon repousse les électrons des morceaux de papier et leur confère une charge positive. Les charges de signes contraires s'attirent ; les morceaux de papier viennent se coller au ballon.

L'eau est attirée vers la cuillère.

Les charges contraires s'attirent.

CHAMP ÉLECTRIQUE

Le champ électrique est la portion de l'espace dans laquelle s'exercent les forces générées par un corps chargé électriquement. Ici, l'eau du robinet traverse le champ électrique d'une cuillère en plastique chargée ; les forces d'attraction dévient la trajectoire de l'eau.

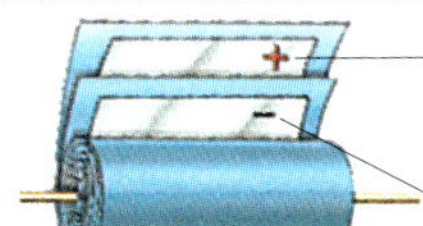

CONDENSATEUR

Petit appareil renfermant 2 plaques métalliques séparées par un isolant et qui permet d'emmagasiner de l'électricité. Les condensateurs sont surtout utilisés en électronique.

GÉNÉRATEUR VAN DE GRAAFF

Cette machine produit de l'électricité statique. Un collecteur en métal chargé électriquement induit la charge d'une courroie mobile. En traversant la partie haute de l'appareil, la courroie arrache des électrons à la cloche métallique et lui confère une charge positive.

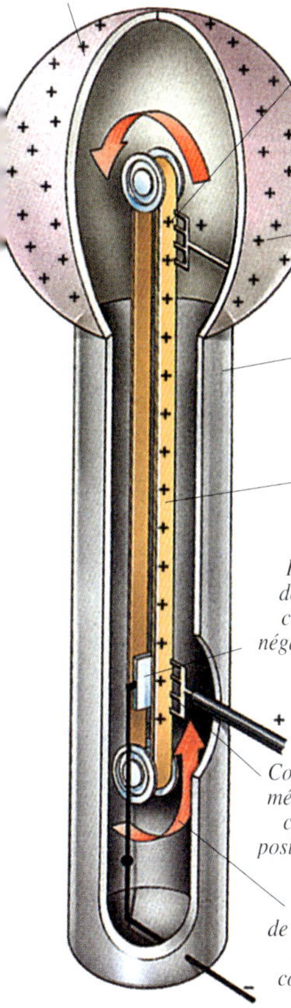

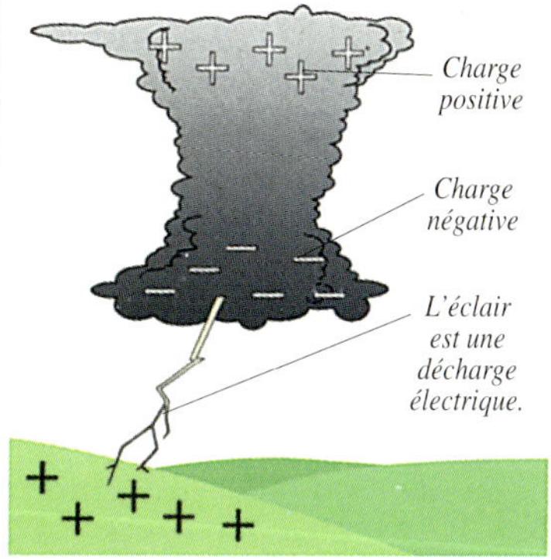

LA FOUDRE

L'énorme quantité d'électricité statique accumulée à l'intérieur d'un nuage d'orage provoque la charge positive du sol. Une partie de cette électricité finit par se décharger de la base du nuage vers le sol sous la forme d'un éclair. Les éclairs en nappe sont des décharges se produisant entre les nuages.

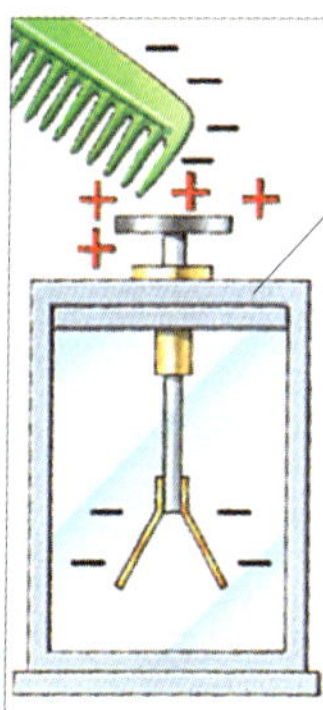

ÉLECTROSCOPE

Lorsque le peigne chargé négativement approche de l'excitateur, celui-ci envoie des électrons vers les feuilles d'or qui se chargent négativement. Les charges de même signe se repoussent ; les deux feuilles s'écartent l'une de l'autre.

LE COURANT ÉLECTRIQUE

Un courant électrique est un flux d'électrons. Dans un circuit électrique, un générateur propulse des électrons, chargés négativement, le long de fils de cuivre. L'électricité ne peut circuler qu'à travers des matériaux conducteurs, comme les métaux, dont les électrons libres se déplacent facilement.

CÂBLE ÉLECTRIQUE ISOLÉ

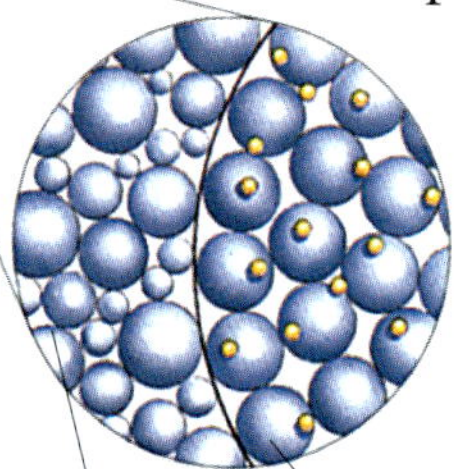

MATÉRIAUX ISOLANTS

Les atomes des isolants électriques n'ont pas d'électrons libres ; c'est pourquoi ils ne sont pas conducteurs. Bons isolants, les plastiques sont utilisés pour recouvrir les fils électriques.

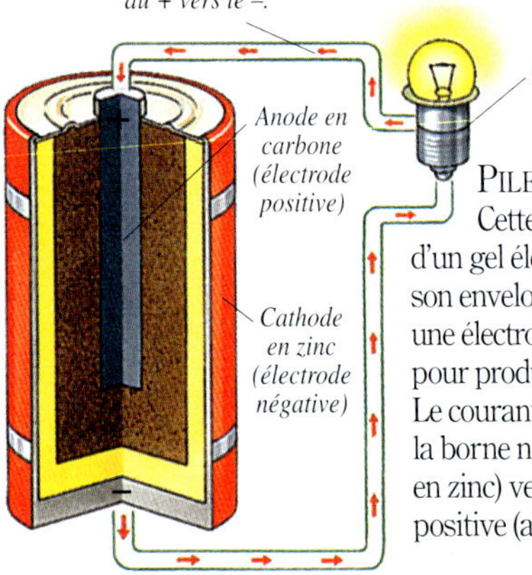

PILE ÉLECTRIQUE

Cette pile remplie d'un gel électrolyte utilise son enveloppe en zinc et une électrode en carbone pour produire un courant. Le courant circule de la borne négative (cathode en zinc) vers la borne positive (anode en carbone).

LE SAVIEZ-VOUS ?

- Les "semi-conducteurs" sont isolants à froid mais deviennent conducteurs lorsqu'ils sont chauffés.
- Les "supraconducteurs" sont des métaux ou des céramiques dont la conductivité s'accroît fortement à une température voisine du zéro absolu (0 K).

UNITÉS S.I.

- L'**ampère** (A) est l'unité S.I. d'intensité de courant électrique.
- Le **coulomb** (C) est l'unité S.I. de charge électrique. Un courant d'une intensité de 1 ampère véhicule une charge de 1 coulomb par seconde.

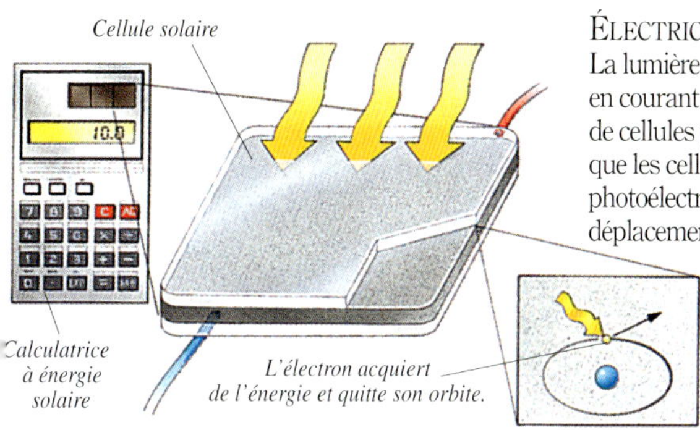

Électricité solaire

La lumière peut être transformée en courant électrique par le biais de cellules photovoltaïques telles que les cellules solaires. L'effet photoélectrique provoque un déplacement d'électrons à travers la cellule. Ce déplacement produit une énergie électrique.

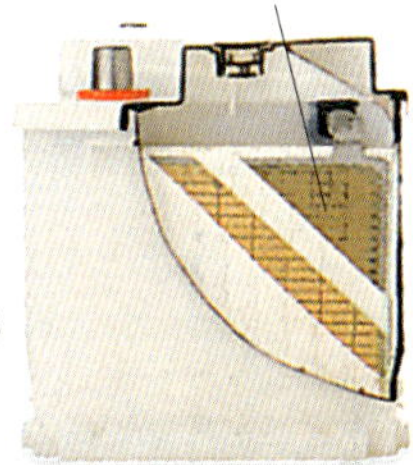

Batteries rechargeables

Une batterie de voiture est rechargée en faisant circuler un courant du + vers le –. Cela inverse le sens des réactions chimiques qui produisent le courant.

Continu ou alternatif ?

La tension électrique peut être continue (les électrons se déplacent toujours dans la même direction) ou alternative (les électrons changent de direction environ cent fois par seconde). Une pile produit un courant continu.

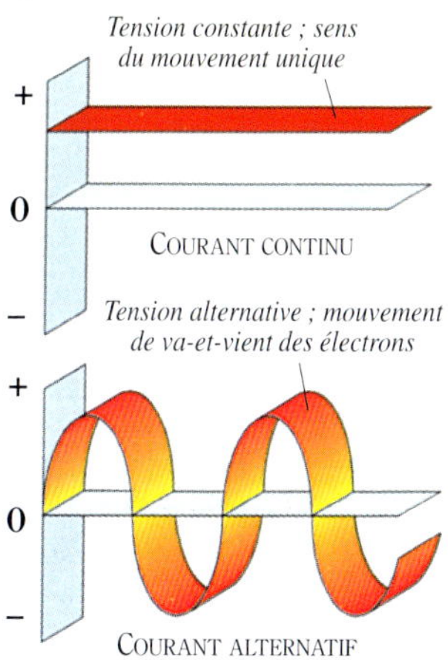

Conductivité électrique

Elle est exprimée en siemens par mètre (S/m). 1 S/m est la conductivité d'un matériau d'une résistance de 1 ohm par mètre (Ω/m).

Substance	Conductivité (S/m)
Cuivre	58 000 000
Or	45 000 000
Tungstène	19 000 000
Graphite	70 000
Eau à 20 °C	0,0000025
Diamant	0,00000000001
Air (au niveau de la mer)	0,000000000000025

Les circuits électriques

Un circuit électrique est constitué d'une série de conducteurs et de composants. Un circuit simple est composé d'une source d'énergie électrique (pile) et de composants intervenant sur la circulation du courant (interrupteurs, lampes ou résistances).

CIRCUITS, DÉRIVATION ET SÉRIE

La tension d'un circuit comprenant une ou plusieurs dérivations est la même pour toutes les dérivations. La tension d'un circuit en série, dans lequel les composants sont branchés les uns à la suite des autres, est répartie entre ceux-ci.

SYMBOLES ÉLECTRIQUES

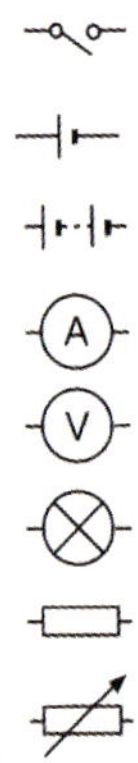

- Interrupteur (ouvert)
- Générateur continu
- Piles en série
- Ampèremètre
- Voltmètre
- Ampoule
- Résistance
- Résistance variable

UNITÉS S.I.

- Le **volt** (V) est l'unité S.I. de force électromotrice et de différence de potentiel (tension). Un volt produit un courant d'une intensité d'1 ampère (A), et d'une puissance d'1 watt.
- L'**ohm** (Ω) est l'unité S.I. de résistance électrique. 1 Ω soumis à une tension de 1 V est traversé par 1 A.

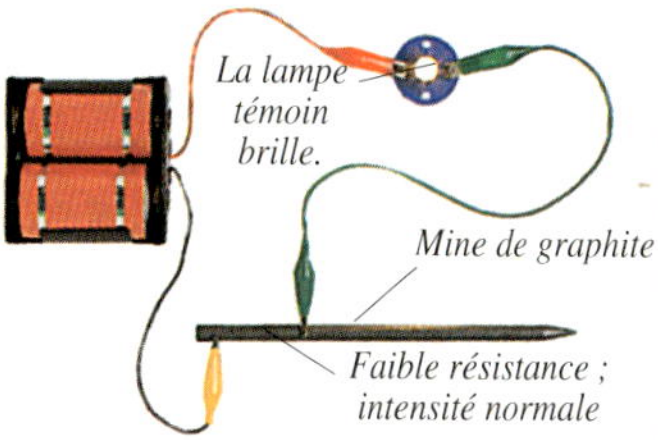

La résistance

La résistance électrique d'un corps est sa capacité à s'opposer à un courant. Cette propriété est utilisée pour moduler l'intensité d'un courant dans un circuit électrique. Ici, l'influence exercée par cette mine de graphite est clairement visible.

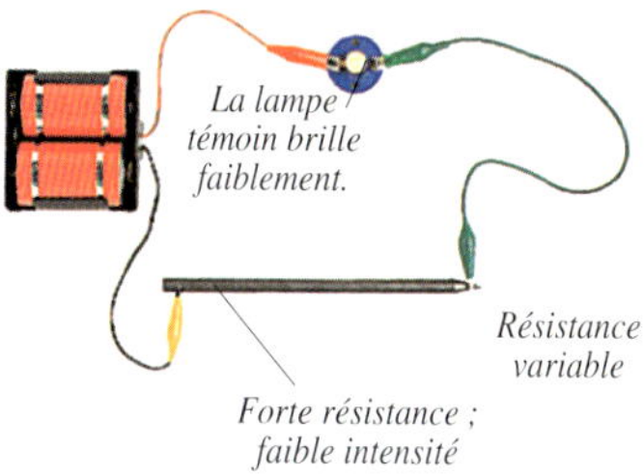

Quelques formules

La résistance R, la tension U et l'intensité électrique I, en un point d'un circuit électrique, peuvent être calculées au moyen de plusieurs équations :

- Pour calculer la résistance : $R = U/I$
- Pour calculer la tension : $U = RI$
- Pour calculer l'intensité : $I = U/R$

La force électromotrice

La tension existant entre les bornes d'une pile non reliée à un circuit électrique est appelée force électromotrice. La force électromotrice (fém), ou tension à vide, s'exprime en volts.

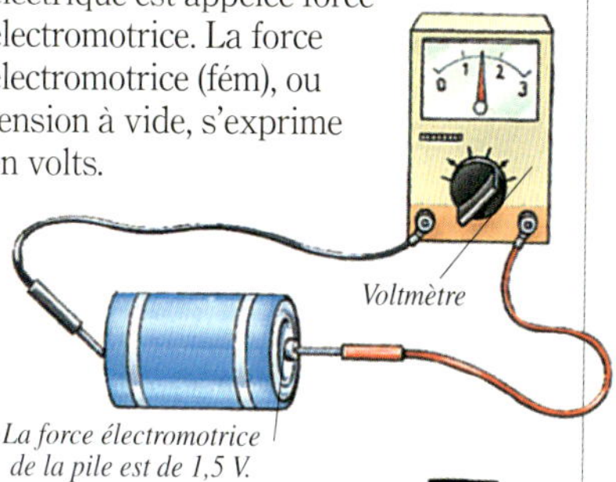

La tension

La différence de potentiel électrique entre deux points situés sur un circuit est appelée tension électrique. Les électrons circulent toujours d'un point de potentiel élevé vers un point de potentiel faible.

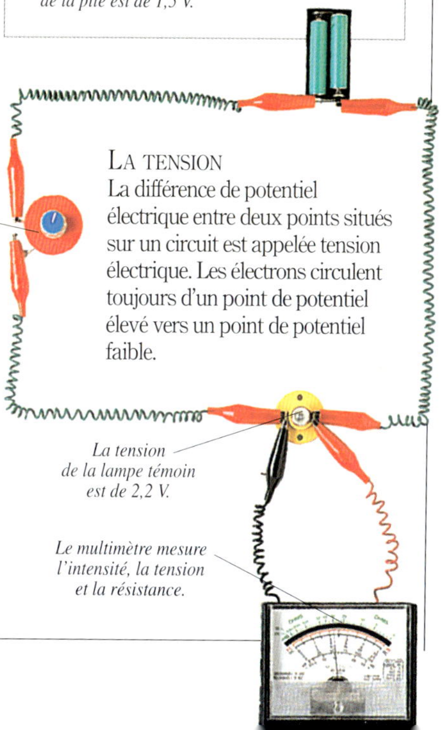

L'ÉLECTROMAGNÉTISME

Quand on déplace un fil métallique à l'intérieur d'un champ magnétique, un courant y apparaît. De même, un courant qui passe dans un fil métallique génère autour de ce fil un champ magnétique.

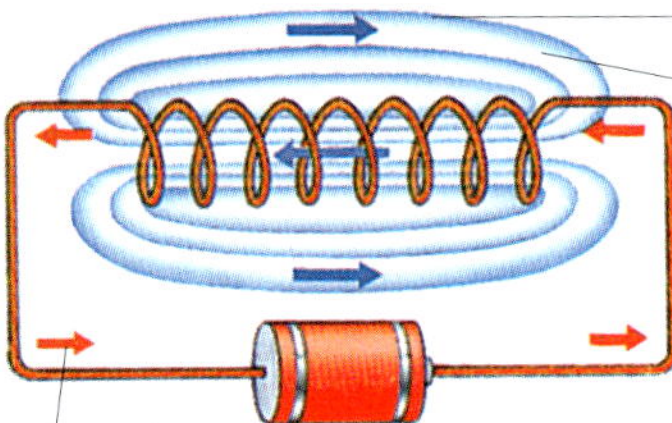

BOBINES

Une bobine de fil conducteur génère un champ magnétique plus important qu'un simple fil métallique. Une bobine est un type d'électroaimant appelé solénoïde.

PUISSANT ÉLECTROAIMANT

En enroulant un solénoïde autour d'un support en fer, on augmente encore la puissance du champ magnétique. On voit ici la disposition de la limaille de fer.

GÉNÉRATEUR : il produit un courant électrique par la rotation sur elle-même d'une bobine entre les deux pôles d'un aimant. Dans certains appareils, l'aimant tourne autour d'une bobine fixe. Les générateurs sont des dynamos qui produisent un courant continu ; les alternateurs produisent un courant alternatif.

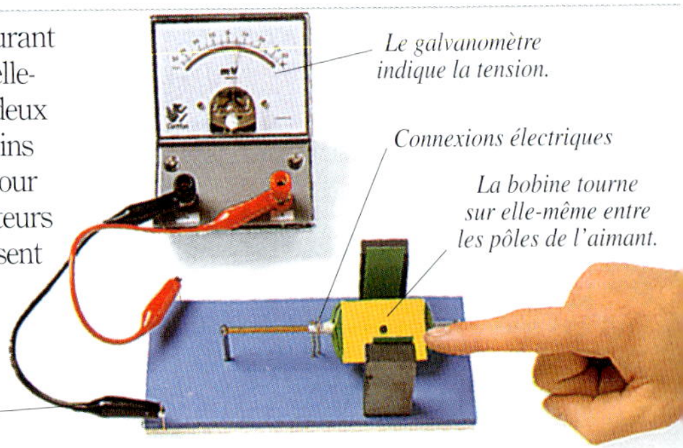

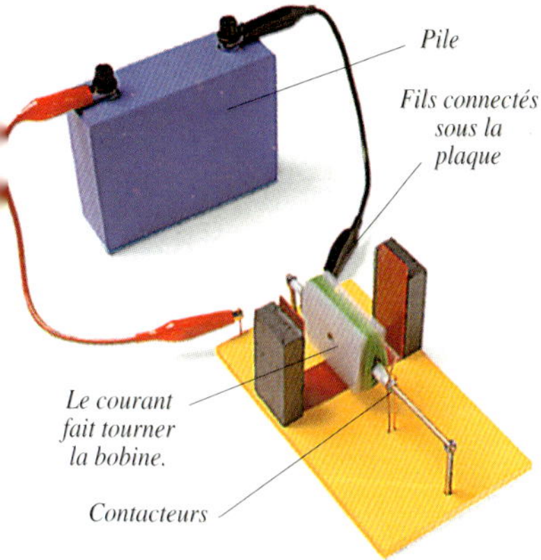

MOTEURS ÉLECTRIQUES

Un moteur électrique fonctionne par l'interaction des champs magnétiques d'une bobine traversée par un courant électrique et d'un aimant. Cette interaction provoque la rotation de la bobine, qui peut être reliée à un arbre de transmission ou à un volant d'entraînement.

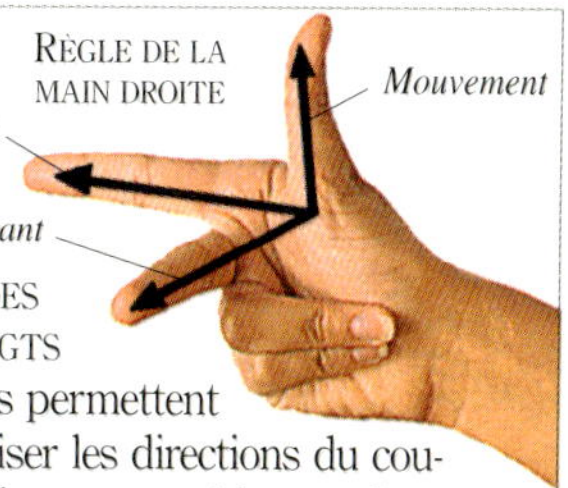

RÈGLES DES TROIS DOIGTS

Ces règles permettent de visualiser les directions du courant, du champ magnétique et du mouvement, dans un moteur ou un générateur électrique. La main droite montre la direction du courant dans un fil électrique à l'intérieur d'un champ magnétique (générateur). La main gauche indique le sens du mouvement d'un fil dans un champ magnétique (moteur).

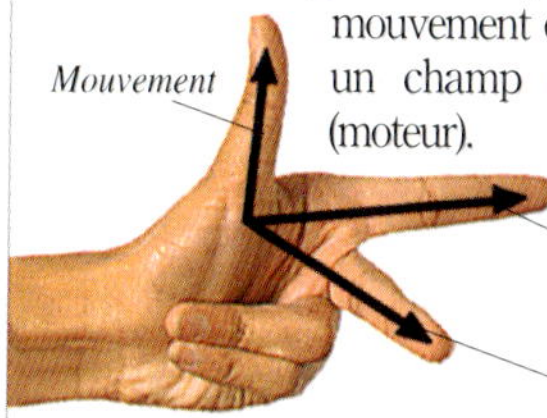

SONNETTE ÉLECTRIQUE

Sous l'action d'un courant électrique, les deux électroaimants produisent des champs magnétiques qui propulsent le marteau vers la cloche. Ce mouvement entraîne une coupure du circuit ; le marteau reprend sa position originale.

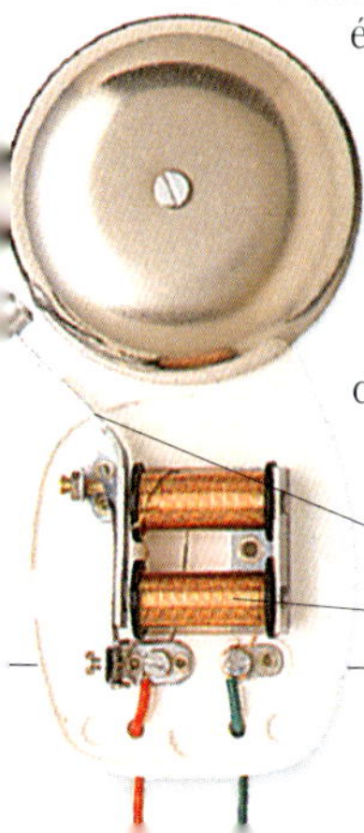

PERCEUSE ÉLECTRIQUE

À l'intérieur d'une perceuse électrique, un jeu de pignons convertit la rotation du moteur et permet la rotation du foret. Pour éviter un échauffement excessif, le moteur est refroidi par un ventilateur.

L'ALIMENTATION ÉLECTRIQUE

L'électricité est acheminée depuis les centrales par un réseau de câbles et de transformateurs. La résistance des lignes cause la perte, sous forme de chaleur, d'une partie de l'électricité produite ; pour limiter cette perte, le courant distribué est de forte tension mais d'une faible intensité.

LES RÉSEAUX

PRODUCTION : les postes élévateurs augmentent la tension de l'électricité produite par les centrales. Le courant est ensuite convoyé par des câbles souterrains ou des lignes à haute tension.

CONSOMMATION : la tension de l'électricité est abaissée une première fois dans des postes de transformation pour les besoins de la grande industrie. Elle est abaissée à nouveau dans des postes de distribution pour les particuliers.

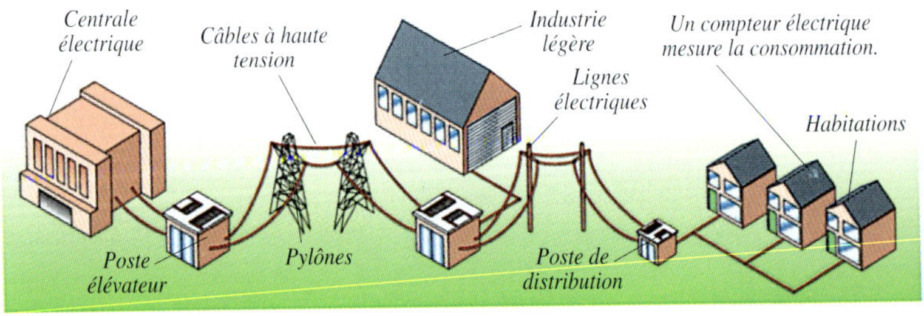

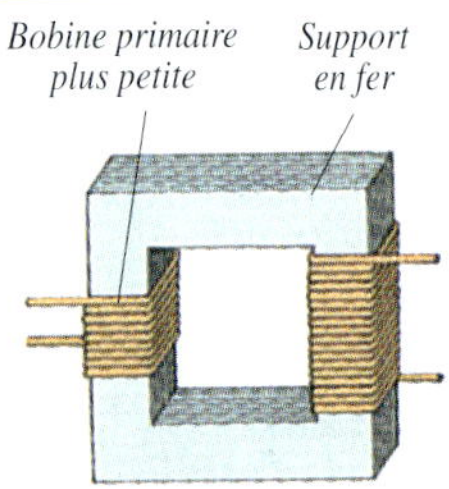

POSTE ÉLÉVATEUR

CONTRÔLE DE LA TENSION

Un transformateur est constitué de deux bobines autour d'un noyau en fer. Dans un poste élévateur, la bobine secondaire est plus grosse : la tension est augmentée. Dans un poste de distribution, la bobine primaire est plus grosse : la tension est abaissée.

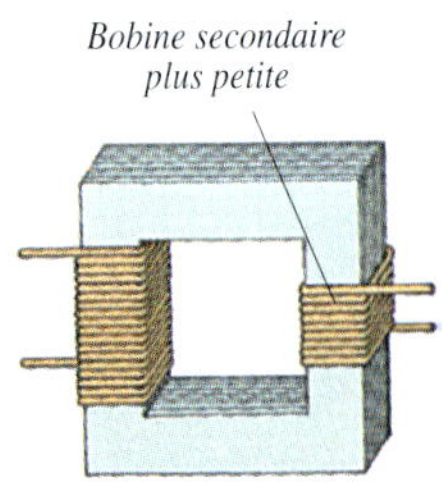

POSTE DE DISTRIBUTION

Disjoncteurs et fusibles

Un courant d'une intensité trop élevée, produit par une panne ou un court-circuit, peut enflammer les fils électriques. Ce danger est évité par le disjoncteur, qui coupe le circuit dès que l'intensité du courant dépasse un certain seuil, ou le fusible, dont les fils fondent lorsque la température devient excessive.

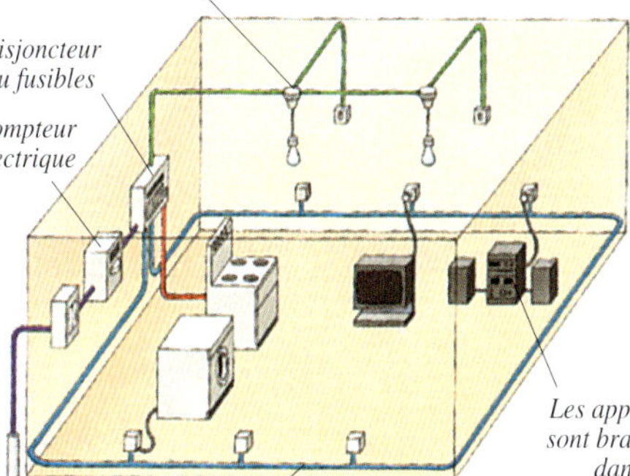

Installation domestique

Elle comprend plusieurs circuits dont les courants d'intensité ou de tension différentes correspondent à des usages précis. L'éclairage est en général alimenté par un circuit distinct du circuit principal. Gros consommateurs de courant, les appareils de cuisson sont alimentés séparément.

Les prises : un appareil électrique est relié à un réseau domestique par le branchement d'une fiche mâle dans une prise murale femelle. Les prises reliées à la terre offrent une meilleure sécurité.

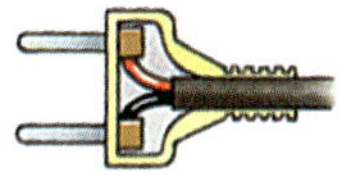

Prise simple

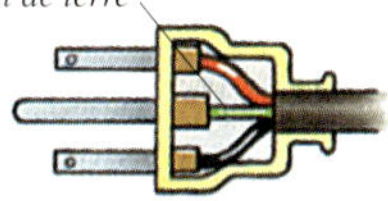

Prise de terre

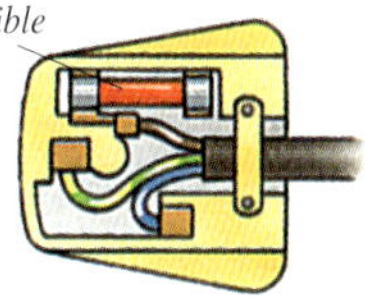

Prise avec fusible

Le saviez-vous ?

- En 1887, l'Américain Nikola Tesla fit breveter un dispositif électrique fournissant un courant alternatif.
- La tension normalisée dans les locaux commerciaux, les bureaux et les habitations, est de 230 volts.

L'ÉLECTRONIQUE

L'électronique a pour objet le contrôle du courant par l'intermédiaire de composants constitués de matériaux semi-conducteurs, tels le silicium. Par adjonction d'une faible dose d'impureté, on obtient deux sortes de semi-conducteurs : de type n, riches en électrons, et de type p, pauvres en électrons.

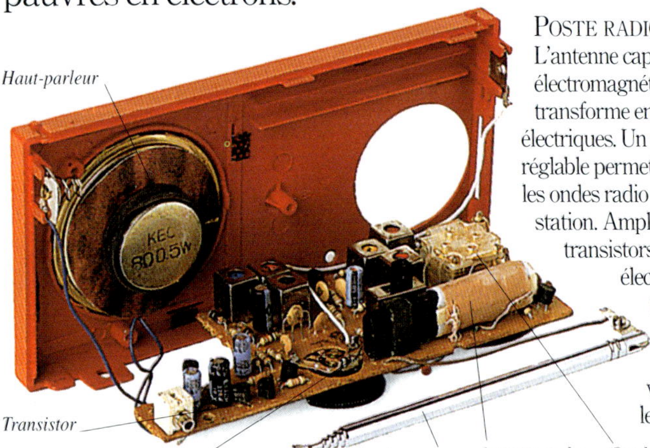

POSTE RADIO

L'antenne capte les ondes électromagnétiques et les transforme en impulsions électriques. Un condensateur réglable permet de sélectionner les ondes radio émises par une station. Amplifiés par des transistors, les signaux électriques sont transmis à un haut-parleur. La résistance variable module le volume sonore.

CONTRÔLE DU COURANT

Les composants d'un circuit électronique peuvent amplifier le courant, transformer un courant continu en courant alternatif ou produire une tension en créneaux.

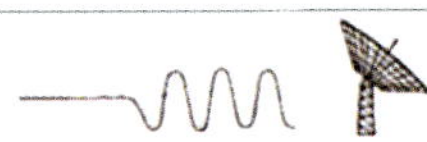

Un émetteur est un oscillateur produisant des ondes électromagnétiques sinusoïdales.

Un circuit d'amplification permet d'augmenter la tension des impulsions électrique.

Les circuits d'un ordinateur utilisent une tension en créneaux pour coder les informations.

SEMI-CONDUCTEURS

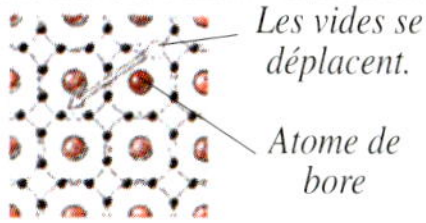

SILICIUM DE TYPE P

Un faible apport de bore appauvrit le silicium en électrons et entraîne l'apparition de vides qui se déplacent au sein du matériau.

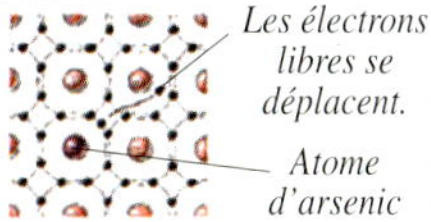

SILICIUM DE TYPE N

Un faible apport d'arsenic enrichit le silicium en électrons et entraîne l'apparition d'électrons libres qui transportent la charge.

TRANSISTOR

Un transistor est la combinaison de 3 cristaux de silicium de type n et p en une configuration npn ou pnp. Les calculs d'un ordinateur sont effectués par des transistors activés et désactivés un très grand nombre de fois par seconde.

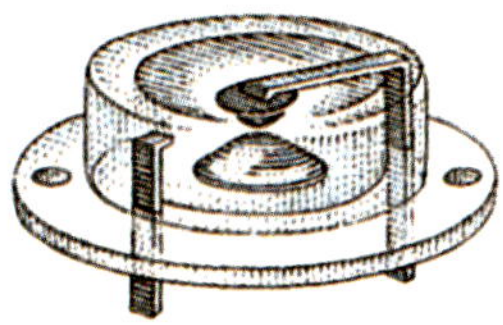

COMPOSANTS ÉLECTRONIQUES

COMPOSANT	FONCTION	SYMBOLE
Condensateur	Emmagasine une charge électrique.	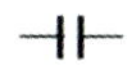
Condensateur variable	Emmagasine des charges électriques variables.	
Diode	Ne laisse passer le courant que dans un seul sens ; redresse un courant alternatif.	
Diode électroluminescente	Émet une lumière lorsqu'elle est traversée par un courant.	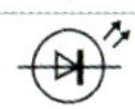
Thermistance	Traduit une variation thermique en tension et intensité électrique.	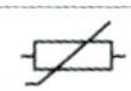
Antenne	Convertit des ondes électromagnétiques en impulsions électriques (et inversement).	
Microphone	Convertit des ondes sonores en impulsions électriques.	
Haut-parleur	Convertit des impulsions électriques en ondes sonores.	
Transistor npn	Amplifie ou interrompt le courant électrique.	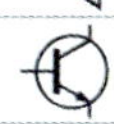
Transistor pnp	Amplifie ou interrompt le courant électrique.	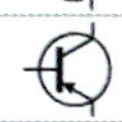

Les circuits intégrés

Un circuit intégré est un circuit électrique composé de milliers de composants, tels des transistors et des diodes, fixé sur une "pastille" de silicium. Les circuits intégrés ont permis la miniaturisation des appareils électroniques et leur spectaculaire amélioration.

Film transparent

Chaque plan est de couleur différente.

Fabrication

Les composants d'un circuit intégré sont réalisés par superposition de masques qui déposent des composés chimiques, tels que des semi-conducteurs de type n et de type p, en quantités infimes. Ces éléments sont reliés entre eux par de minuscules fils conducteurs.

La "puce" est insérée dans la broche.

Code binaire

Pour enregistrer les informations reçues sous formes d'impulsions électriques, les "puces" utilisent un code binaire. Les nombres binaires ne sont composés que des chiffres 0 et 1. Le nombre 13, traduit par 1101 (8+4+0+1) en code binaire, est transmis au circuit intégré sous la forme d'une séquence binaire de haute (1) et basse (0) tension.

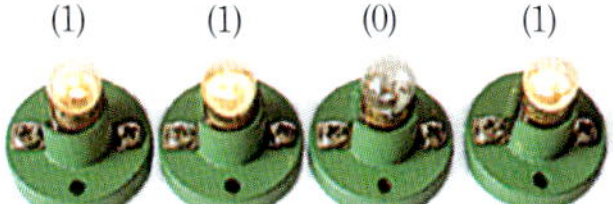

La "puce"

Communément appelé "puce", un circuit intégré peut également être inséré sur un boîtier doté de broches de connexion qui sont soudées ou branchées sur un support. La plupart des "puces" sont des systèmes de portes logiques. C'est grâce à elles, par exemple, qu'une calculatrice effectue des opérations.

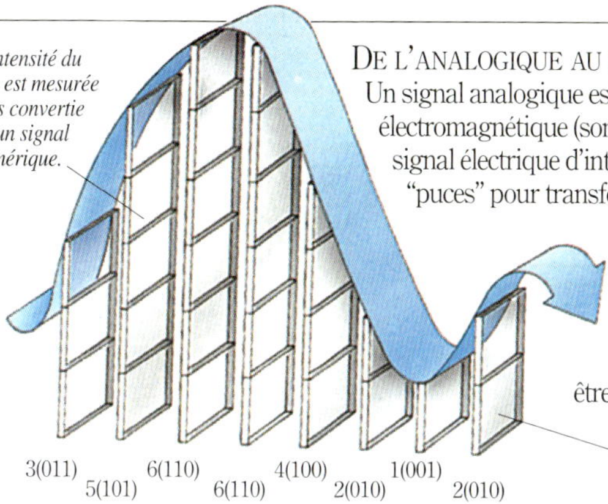

L'intensité du son est mesurée puis convertie en un signal numérique.

Transcription analogique d'une onde sonore

De l'analogique au numérique

Un signal analogique est la traduction d'une onde électromagnétique (son, lumière ou radio) par un signal électrique d'intensité variable. On utilise les "puces" pour transformer les signaux analogiques en signaux numériques par le biais d'un code binaire. Constitués de séquences binaires de haute et basse tensions, ces signaux peuvent être plus facilement stockés.

Tables de vérité

Les portes logiques transmettent une basse ou une haute tension en fonction du signal numérique qu'elles reçoivent. Les tables décrivent le comportement d'une porte logique à laquelle un signal est (1) ou n'est pas (0) transmis.

Entrée A	Entrée B	Sortie
0	0	0
1	0	0
0	1	0
1	1	1

Porte ET : transmet un signal haute tension lorsqu'un signal haute tension est transmis à l'une ET à l'autre des entrées.

Entrée A	Entrée B	Sortie
0	0	0
1	0	1
0	1	1
1	1	1

Porte OU : transmet un signal haute tension lorsqu'un signal haute tension est transmis à l'une OU l'autre des entrées, OU aux 2.

Entrée	Sortie
0	1
1	0

Symbole d'un circuit d'ordinateur

Porte NON : transmet un signal haute tension lorsque aucun signal haute tension n'est transmis à son entrée.

Affichage du poids

Les microprocesseurs

Un microprocesseur est un circuit intégré complexe capable d'agir en fonction des instructions qu'il a emmagasinées. Cette balance, qui affiche le poids des aliments en mode numérique, fonctionne grâce à un seul microprocesseur.

LES ORDINATEURS

Un ordinateur contient des milliers de circuits électroniques qui lui permettent de stocker et d'utiliser une grande quantité de données. Un ordinateur ne "raisonne" pas, mais il exécute très rapidement une grande variété de tâches, en décomposant chacune d'elles en un ensemble de calculs mathématiques simples.

L'écran affiche les informations.

Le disque dur contient les logiciels.

Clavier et souris pour l'exploitation des logiciels

MICRO-ORDINATEURS

Outil individuel, le micro-ordinateur est très largement répandu. Il est généralement constitué d'un disque dur, d'un écran, d'un clavier et d'une souris. Ce matériel informatique est souvent désigné sous le nom anglais de *hardware*.

LOGICIELS

Un logiciel est un ensemble de données permettant à un ordinateur d'exécuter une tache spécifique. Ces données peuvent être transcrites en un code binaire (suite numérique), ou en un langage informatique plus élaboré tel que le BASIC ou le FORTRAN. Les logiciels sont souvent désignés sous le nom anglais de *software*.

Un logiciel de traitement de texte permet l'écriture et la mise en page d'un texte.

SUPER-ORDINATEURS

Ce sont des ordinateurs extrêmement puissants, conçus pour accomplir des tâches très complexes. Capables d'effectuer des calculs simultanés et de fonctionner à très basse température pour améliorer leur conductivité, ils sont extraordinairement rapides.

Ce super-ordinateur est utilisé pour l'étude des particules élémentaires.

SUPER-ORDINATEUR CRAY X-MP/48

PLAN RÉALISÉ EN CAO

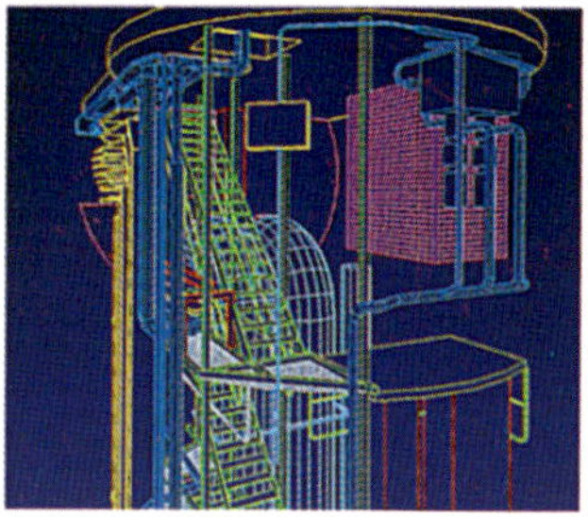

CONCEPTION ASSISTÉE PAR ORDINATEUR (CAO)

Les données d'un logiciel de CAO "construisent" un objet sur l'écran aux moyens de fonctions graphiques commandées par l'utilisateur.

RÉALITÉ VIRTUELLE

L'utilisateur communique avec un monde entièrement transcrit par un ordinateur. Les images en trois dimensions sont transmises par un casque de vision binoculaire, relié à des gants spéciaux.

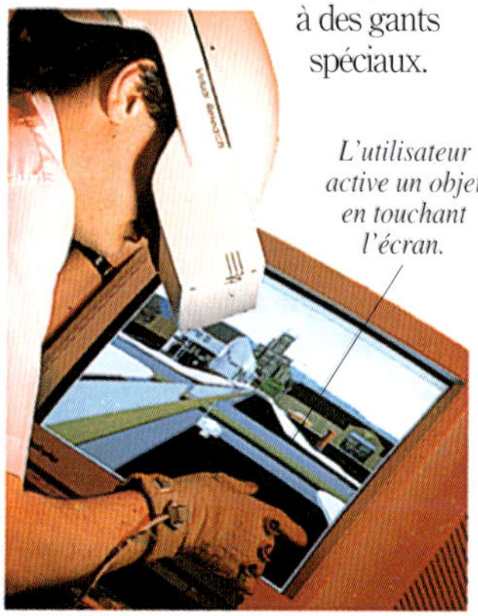

L'utilisateur active un objet en touchant l'écran.

LES GÉNÉRATIONS D'ORDINATEURS

GÉNÉRATION	ANNÉES	CARACTÉRISTIQUES
1re	1944–59	Lampes triodes
2e	1959–64	Transistors
3e	1964–75	Miniaturisation à niveau d'intégration élevé (LSI)
4e	1975–	Niveau d'intégration très élevé (VLSI)
5e	En cours de développement	Ordinateurs à "intelligence artificielle"

À l'intérieur d'un ordinateur

La mémoire est un élément fondamental dans l'exploitation d'un ordinateur ; c'est elle qui permet à un appareil de puiser dans ses données pour accomplir une tâche. Un micro-ordinateur fait appel à deux sortes de mémoire : la mémoire morte (ROM) et la mémoire vive (RAM), toutes deux stockées sur des circuits intégrés.

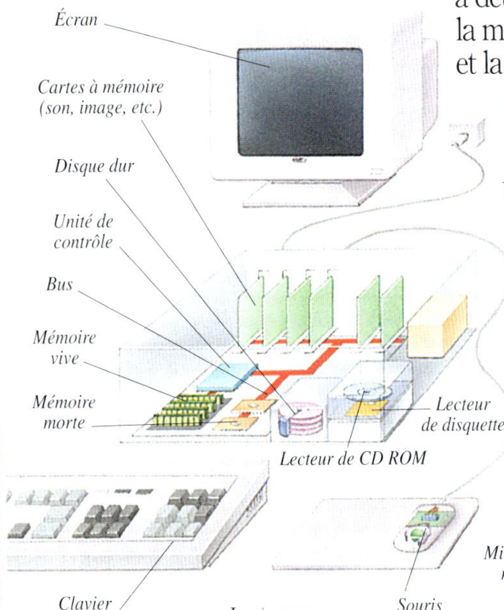

INTÉRIEUR D'UN MICRO-ORDINATEUR

VUE ANATOMIQUE

Un micro-ordinateur courant possède quatre composants principaux : le clavier, qui permet de rentrer des informations, l'unité de contrôle, la mémoire, sur laquelle sont stockées les données, et un écran, sur lequel s'affichent textes et dessins.

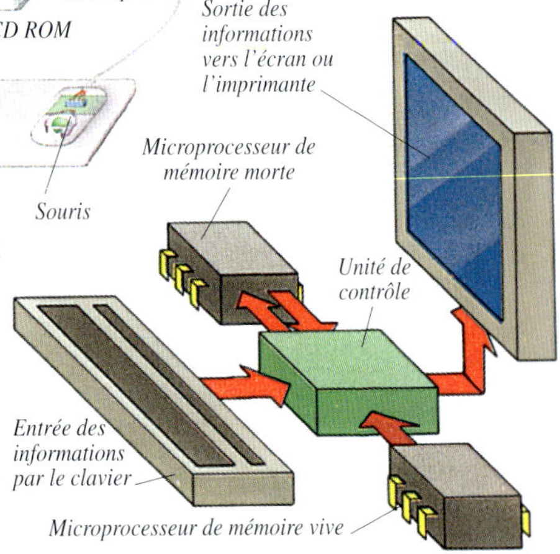

L'UNITÉ DE CONTRÔLE

C'est le composant essentiel d'un ordinateur. Microprocesseur contenant un grand nombre de circuits, elle reçoit des données du clavier et de la mémoire vive, puise des informations dans la mémoire morte et renvoie des informations à la mémoire vive.

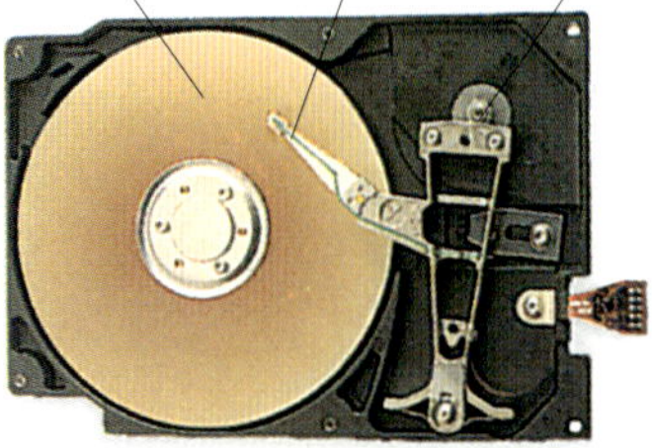

Disquettes

Un disque dur garde les informations de façon permanente. Les disquettes permettent de convoyer des informations entre ordinateurs. Les données sont transcrites en signaux magnétiques sous forme binaire.

Cartes à mémoire

Dans un ordinateur, certaines tâches nécessitant une mémoire importante sont effectuées par des organes spécifiques appelés cartes à mémoire. L'ordinateur se libère ainsi pour d'autres opérations.

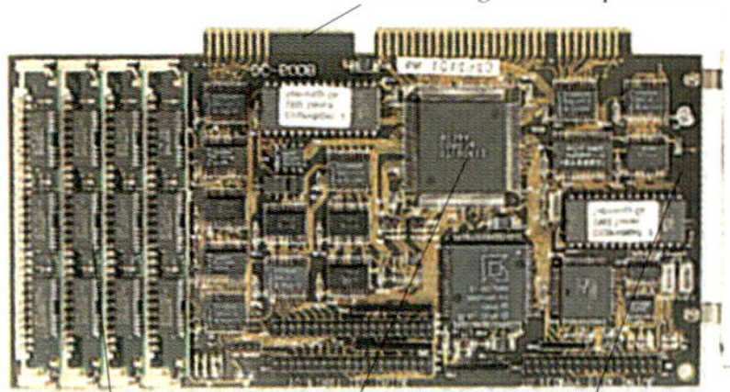

Le CD ROM

Un CD ROM et un DVD peuvent contenir de nombreuses données comme des images, des textes, des sons, des vidéos qui sont lues par un laser. Les formats CD-R et DVD-R permettent d'enregistrer de nouvelles données.

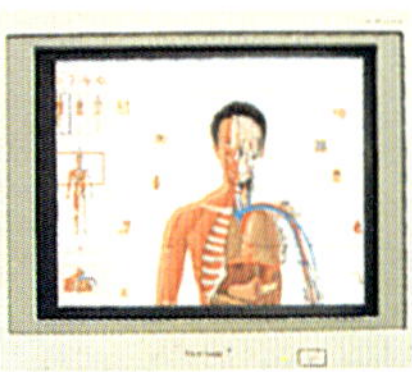

"Page" d'un CD ROM

Quelques termes informatiques

Terme	Définition
ROM	Read Only Memory : mémoire morte (mémoire dont le contenu ne peut être modifié).
RAM	Random Access Memory : mémoire vive (mémoire utilisée pour l'exploitation d'un logiciel).
Buffer	Zone de mémoire tampon stockant des informations de manière transitoire.
Bus	Série de fils (ou de bandes) de métal qui acheminent l'information.
Système	Ensemble des programmes de base permettant le fonctionnement de l'ordinateur.
Bit	Signal élémentaire du code binaire (1 ou 0).
Octet	Ensemble de huit bits.
Mégaoctet	Un million d'octets.
Modem	Appareil permettant à deux ordinateurs de communiquer par le biais d'un réseau téléphonique.

LES TÉLÉCOMMUNICATIONS

Les programmes de radio et de télévision, ainsi que certaines communications téléphoniques, sont transmis par des ondes radio. Pour cela, les signaux correspondant aux images et aux sons doivent auparavant être modulés.

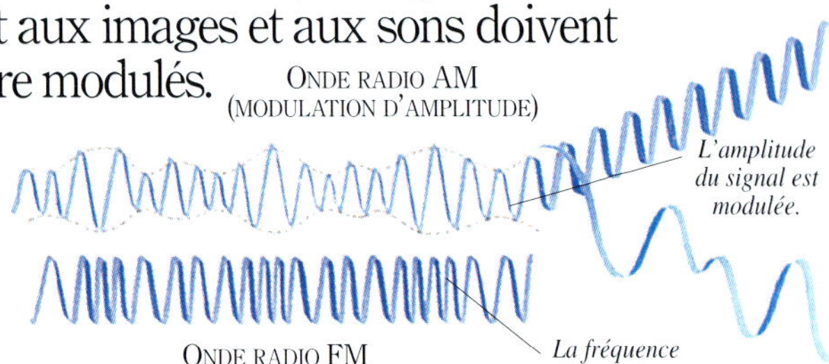

MODULATION

Un signal modulant peut altérer un signal radio uniforme (haute fréquence) en intervenant sur son amplitude (petites ondes) ou sur sa fréquence (modulation de fréquence). Modulé, le signal est transmis sous la forme d'une onde radio.

COMMUNICATION PAR SATELLITES

Canalisées entre le sol terrestre et l'ionosphère (couche de l'atmosphère à forte ionisation), les ondes radio à basse fréquence peuvent se propager sur de très longues distances. Les ondes radio à haute fréquence traversent l'ionosphère et sont relayées vers des récepteurs terrestres par des satellites.

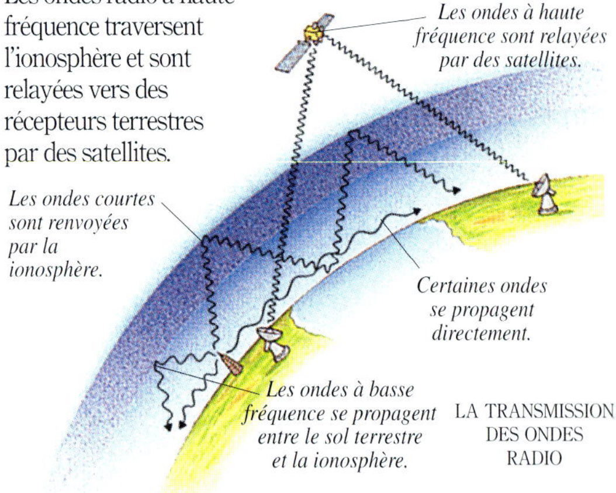

LA TRANSMISSION DES ONDES RADIO

LE SAVIEZ-VOUS ?

- L'Écossais John Logie Baird expliqua en 1926 le système qui permit la création de la télévision.
- L'inventeur italien G. Marconi réalisa la première transmission radio en 1894.
- Le satellite de télécommunications américain Telstar fut lancé en 1962.

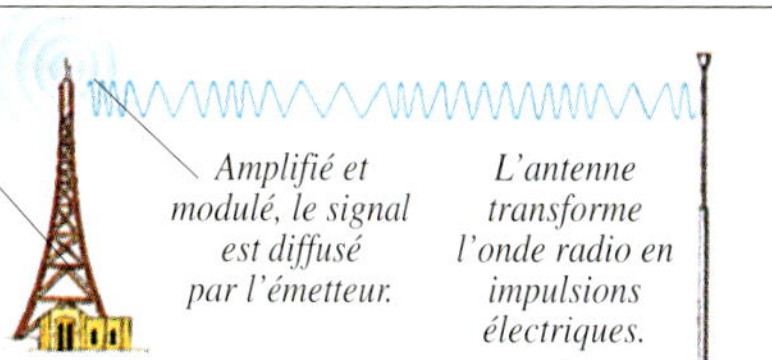

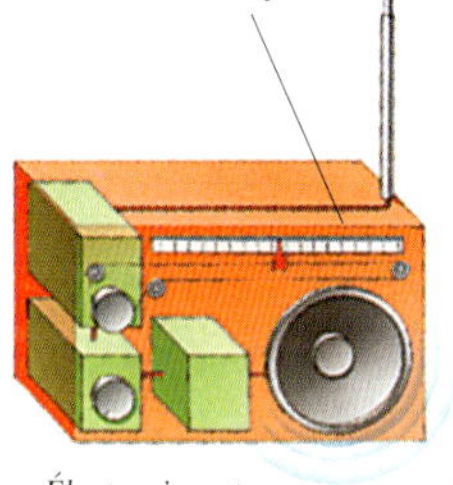

RÉCEPTION

Les postes de radio et de télévision captent les ondes radio modulées par le biais d'antennes. Les ondes sont d'abord converties en impulsions électriques, puis en ondes sonores et en images.

LA TÉLÉVISION

Un signal démodulé est transmis au tube cathodique de l'appareil. Celui-ci contient un triple canon à électrons qui bombarde l'écran de faisceaux selon un balayage induit par des champs magnétiques. Les luminophores disposés en bandes verticales sur l'écran convertissent le bombardement des rayons en couleurs.

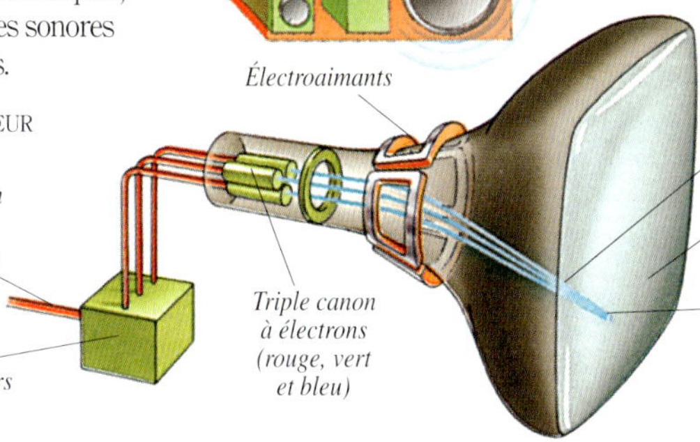

LE TÉLÉPHONE

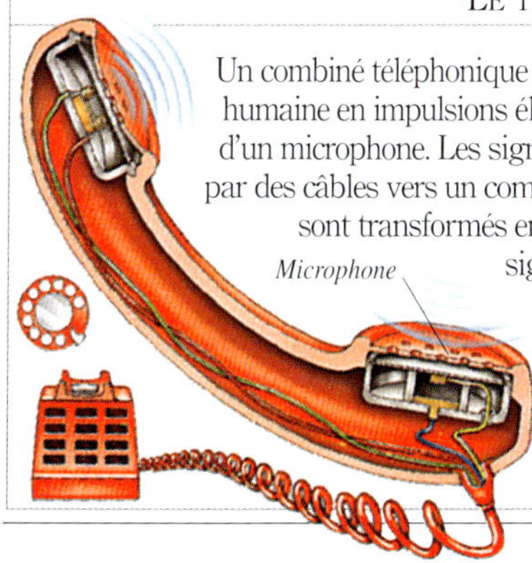

Un combiné téléphonique transforme la voix humaine en impulsions électriques au moyen d'un microphone. Les signaux sont convoyés par des câbles vers un combiné récepteur où ils sont transformés en ondes sonores. Les signaux peuvent être convoyés par des fibres optiques sous la forme d'impulsions lumineuses.

FIBRE OPTIQUE

HISTOIRE DES SCIENCES

TABLEAU CHRONOLOGIQUE DES DÉCOUVERTES 146

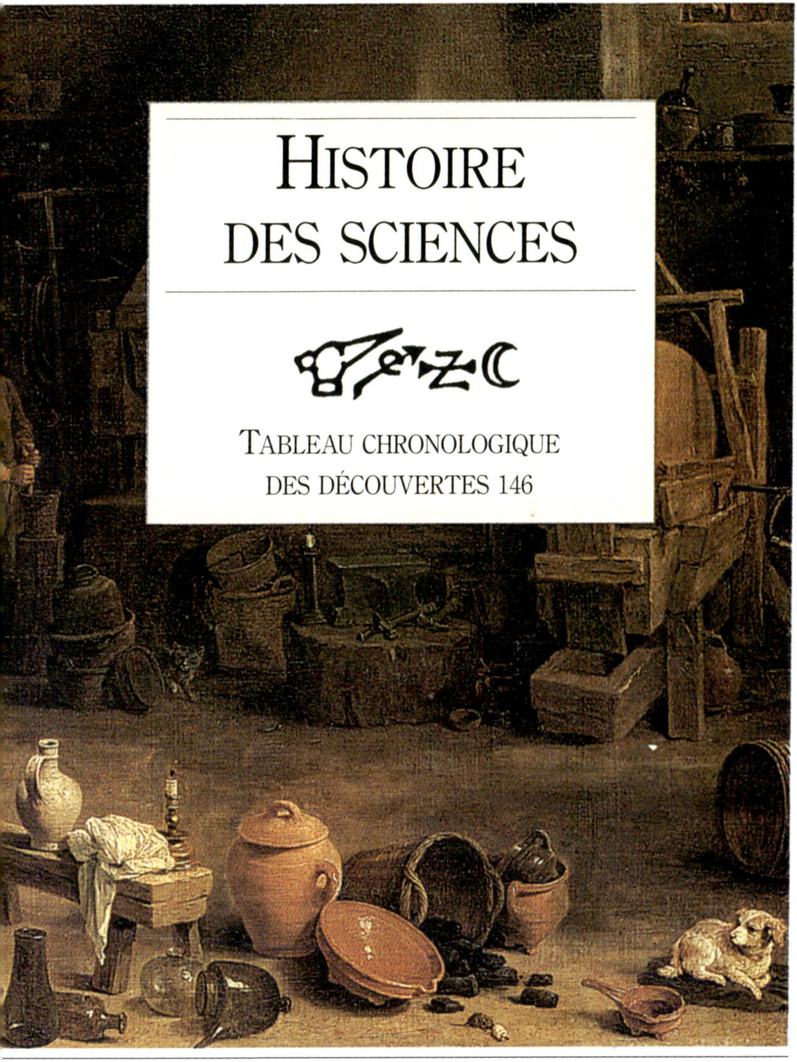

TABLEAU CHRONOLOGIQUE DES DÉCOUVERTES

Voici quelques-unes des découvertes qui ont marqué l'histoire des sciences, des premières idées ayant trait à l'Univers, aux forces et à l'énergie, jusqu'aux principes modernes de la physique des particules.

	v. 1000 av. J.-C.			1650 ap. J.-C.
	-1000 à -260	-260 à 1600 AP. J.-C.	1600 à 1640	1641 à 1650
MATIÈRE	• v. 400 av. J.-C. Le philosophe grec Démocrite suggère que la matière est composée de grains invisibles qu'il appelle atomes. • v. 350 av. J.-C. Le philosophe grec Aristote émet l'idée que la matière est constituée de quatre éléments ; la terre, le feu, l'air et l'eau.	• 2 av. J.-C. Les alchimistes égyptiens, chinois et indiens s'efforcent de transformer les métaux tels que le plomb en or. L'alchimie, première étude méthodique de la matière, se développa plus tard en Europe.	• 1620 Le scientifique hollandais Jan van Helmont distingue l'air des autres gaz. • années 1620 Le philosophe anglais Francis Bacon développe les principes de la science expérimentale (connaissance fondée sur l'expérience).	• 1649 Le philosophe français Gassendi réactualise les principes de la théorie atomique en traduisant certains textes grecs ayant trait à ce sujet. • v. 1650 Invention de la pompe à vide par le physicien allemand Otto von Guericke.
FORCES ET ÉNERGIE	• v. 1000 av. J.-C. Les premières civilisations utilisent l'énergie éolienne et musculaire pour se déplacer ; elles se chauffent en brûlant du bois et autres végétaux. • v. 260 av. J.-C. Le grec Archimède découvre l'hydrostatique et établit les bases de la géométrie.	• 100 ap. J.-C. Invention de l'éolipyle, ancêtre de la turbine à vapeur, par le savant grec Héron d'Alexandrie. C'est une sphère métallique qui tourne sous l'effet de la vaporisation de l'eau dont elle est remplie.	• 1600 William Gilbert, médecin de la reine Elizabeth Ire d'Angleterre, suggère que le centre de la Terre est un gigantesque aimant. • 1638 Le scientifique italien Galilée fonde la mécanique (étude des forces et des mouvements). Il est le premier à utiliser une lunette astronomique.	• 1643 Le physicien italien Evangelista Torricelli mesure la pression atmosphérique sur un baromètre à mercure de son invention. • 1650 Le philosophe Blaise Pascal établit les lois sur la pression des fluides.

	1650			1820
	1651 à 1700	1701 à 1770	1771 à 1800	1801 à 1820
MATIÈRE	• 1661 Le physicien irlandais Robert Boyle pressent la présence de corps simples et de corps composés dans la matière. Il suggère que les "grains" de matière sont la cause des réactions chimiques. • 1670 Invention du microscope par le physicien anglais Robert Hooke.	• 1755 Le chimiste écossais Joseph Black isole le dioxyde de carbone. Plus tard, il mettra en évidence la chaleur latente. • 1766 Le chimiste anglais Henry Cavendish découvre l'hydrogène. • v. 1770 Le physicien français Charles Coulomb étudie les forces électrostatiques.	• 1779 Le chimiste français Antoine Lavoisier identifie l'oxygène et son rôle dans la combustion. Il démontre que l'air est composé de plusieurs gaz et que l'eau est un mélange d'hydrogène et d'oxygène. • v. 1780 Le Français Jean-Antoine Chaptal organise la production d'acide chlorhydrique.	• 1807-1808 Découverte du potassium, du magnésium, du baryum et du strontium par Humphry Davy, chimiste anglais. • 1811 Le physicien italien Amedeo Avogadro énonce la loi de la constitution moléculaire des gaz.
FORCES ET ÉNERGIE	• 1665 Le mathématicien anglais Isaac Newton écrit les lois de la gravitation. Plus tard, il établira que la lumière peut être décomposée en un spectre de couleurs. • 1675 L'astronome danois Olë Römer mesure la vitesse de la lumière en observant les satellites de Jupiter. • 1683 L'ingénieur français Jean Désaguliers introduit les termes "conducteur" et "isolant".	• 1701 Le Français Joseph Sauveur différencie ondes sonores et vibrations. • 1706 Le scientifique anglais Francis Hawksbee construit une machine produisant des étincelles électriques. • 1752 Le physicien américain Benjamin Franklin démontre le caractère électrique de la foudre. Il introduit les notions de charge électrique positive et négative. • 1765 Construction du moteur à vapeur par l'ingénieur écossais James Watt.	• 1798 Le chimiste anglais Henry Cavendish mesure la masse de la Terre au moyen d'une balance de torsion. • 1799 Le chimiste italien Alessandro Volta invente la pile qui porte son nom. Elle est constituée de plaques de cuivre et de zinc séparées par des rondelles de papier imbibées d'eau acidulée. • 1800 Le physicien français André-Marie Ampère établit les liens entre l'intensité et la tension électrique.	• 1803 L'Anglais John Dalton propose la théorie atomique moderne selon laquelle les corps simples et les corps composés sont constitués d'atomes et de molécules. • 1820 Le physicien danois Christian Oersted met en lumière l'électromagnétisme lorsqu'il découvre l'action sur l'aiguille d'une boussole d'un fil métallique traversé par un courant électrique.

	1821			1899
	1821 à 1840	1841 à 1860	1861 à 1880	1881 à 1899
MATIÈRE	• 1830 Les études sur le carbone effectuées par les chimistes allemands constituent les bases de la chimie organique. • 1833 Le physicien et chimiste anglais Michael Faraday découvre les lois de l'électrolyse.	• 1841 Découverte de l'allotropie par le chimiste suédois Jöns Jacob Berzelius. • 1842 Le chimiste français Eugène Melchior Peligot découvre l'uranium. • 1852 L'Anglais Edward Franklin introduit la notion de valence.	• 1868 L'étude spectroscopique du Soleil permet la découverte de l'hélium. • 1869 Le Russe Dimitri Mendeleïev propose une classification des éléments suivant leur masse atomique, qu'il présente dans un tableau périodique.	• 1896 Le physicien français Henri Becquerel découvre la radioactivité. • 1897 Le physicien anglais Joseph John Thomson découvre l'électron. • 1898 Les Français Pierre et Marie Curie découvrent le polonium et le radium.
FORCES ET ÉNERGIE	• 1831 L'Anglais Michael Faraday et l'Américain Joseph Henry découvrent, indépendamment l'un de l'autre, comment créer un courant électrique à partir d'un champ magnétique. • 1836 Le chimiste anglais John Frederic Daniell invente la pile Daniell. Elle produit une force électromotrice de 1,08 V. • 1839 L'Anglais William Fox Talbot et le Français Louis Daguerre mettent au point, chacun de leur côté, un procédé photographique.	• 1843 Le scientifique anglais James Joule établit les liens entre la chaleur, l'énergie et le travail. • 1846 Définition des lois de la thermodynamique par l'Anglais William Thomson. • 1849 Le physicien français Hippolyte Fizeau parvient à effectuer une mesure précise de la vitesse de la lumière. • 1859 L'ingénieur belge Étienne Lenoir invente le moteur à combustion interne.	• 1864 Le physicien écossais James Maxwell introduit la notion de champ électromagnétique et apparente la lumière à un rayonnement électromagnétique. • 1876 L'Américain d'origine écossaise Alexander Graham Bell construit le premier téléphone. • 1879 L'Américain Thomas Edison et l'Anglais James Swan mettent au point les premières ampoules électriques. Edison sera le plus chanceux des deux.	• 1884 L'ingénieur anglais Charles Parsons construit une turbine à vapeur productrice d'électricité. • 1888 Le physicien allemand Heinrich Hertz démontre l'existence des ondes radio. • 1888 Construction du premier moteur à induction électrique par l'Américain d'origine croate Nikola Tesla. • 1894 Le jeune inventeur italien Guglielmo Marconi effectue la première communication radio.

	1900			1995
	1900 à 1911	1912 à 1930	1931 à 1945	1945 à 1995
MATIÈRE	• 1909 L'Américain Leo Hendrick Baekeland crée la première matière plastique stable : la bakélite. • 1911 Découverte du noyau atomique par le physicien anglais d'origine néo-zélandaise Ernest Rutherford.	• 1913 Le Danois Niels Bohr découvre que les électrons, disposés en couches successives, tournent autour du noyau atomique. • 1915 L'Anglais William Bragg et son fils Lawrence Bragg précisent la structure des cristaux en étudiant la façon dont ils diffractent les rayons X.	• 1931 Découverte du neutron par le physicien anglais James Chadwick. • 1931 Invention du microscope électronique par le physicien allemand Ernst Ruska. • 1939 L'Américain Linus Pauling décrit la nature des liaisons chimiques associant entre eux atomes et molécules.	• 1964 Le physicien américain Murray Gell-Mann découvre les quarks. • 1984 L'Anglais Alec Jeffreys développe l'identification par analyse génétique. • 1995 Un cinquième état (quantique) de la matière est découvert à une température proche du zéro absolu.
FORCES ET ÉNERGIE	• 1900 Le physicien allemand Max Planck émet la théorie des quanta selon laquelle l'énergie est une quantité discrète : la lumière peut donc être interprétée comme une onde électromagnétique ou comme un flux de photons. • 1905 La publication, par le physicien Albert Einstein, de la théorie de la relativité restreinte (1906) puis de la théorie de la relativité générale (1915), révolutionne le monde scientifique et démontre que la masse peut être transformée en énergie.	• 1911 Le physicien hollandais Kamerling Onnes découvre la supraconductivité du mercure. • 1912 En étudiant la diffraction des rayons X par les cristaux, le physicien allemand Max von Laue établit que ceux-ci sont des rayonnements électromagnétiques. • 1912 Le physicien américain d'origine autrichienne Victor Hess découvre les rayons cosmiques lors de vols en ballon à haute altitude.	• 1937 Construction d'un avion à réaction par l'ingénieur anglais Frank Whittle. • 1938 L'Allemand Otto Hahn et l'Autrichienne Lise Meitner découvrent la fission nucléaire. • 1939 Le scientifique allemand Hans Bethe suggère que l'énergie dégagée par le Soleil et les étoiles est générée par des phénomènes de fusion nucléaire. • 1942 Construction d'un réacteur nucléaire par le physicien italo-américain Enrico Fermi.	• 1945 Construction, aux USA, de l'ENIAC, premier calculateur électronique. • 1947 Les physiciens américains John Bardeen, Walter Brattain et William Shockley inventent le transistor. • 1958 Un circuit intégré, constitué d'une seule plaque de silicium, est construit par l'ingénieur américain Jack Kilby. • 1960 Invention du laser à rubis par le physicien américain Théodore Maiman. • 1971 Premier microprocesseur (Intel 4004) aux USA.

Les unités de mesure

Les scientifiques utilisent un système de mesure appelé système international (S.I.). Les unités de mesure (unités S.I.) de ce système permettent aux chercheurs du monde entier d'échanger leurs résultats et leurs découvertes.

Unités de base

Elles sont au nombre de sept. Les autres unités de mesure sont appelées unités dérivées.

Quantité	Unité	Symbole
Masse	kilogramme	kg
Longueur	mètre	m
Temps	seconde	s
Intensité électrique	ampère	A
Température absolue	kelvin	K
Intensité lumineuse	candela	cd
Quantité de matière	mole	mol

Unités S.I.

• Le **mètre** (m) est l'unité S.I. de longueur. Un mètre est la distance parcourue par la lumière dans le vide en 1/299 792 458 seconde.

• La **seconde** (s) est l'unité S.I. de temps. Une seconde est la durée de 9 192 631 770 vibrations d'un atome de césium 133, telle que mesurée sur une horloge atomique au césium.

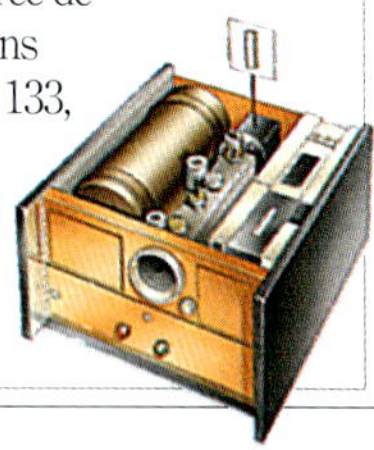

Horloge atomique au césium

Préfixes S.I.

Pour décrire des quantités très petites ou très grandes, on utilise des préfixes correspondant à un multiple ou à une fraction de l'unité concernée.

Cette bouteille = 1×10^3 g

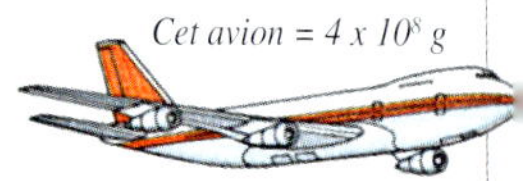

Cet avion = 4×10^8 g

Préfixe	Signification	Notation scientifique
téra (T)	x 1 000 000 000 000	10^{12}
giga (G)	x 1 000 000 000	10^{9}
méga (M)	x 1 000 000	10^{6}
kilo (k)	x 1 000	10^{3}
hecto (h)	x 100	10^{2}
déca (da)	x 10	10^{1}
déci (d)	÷ 10	10^{-1}
centi (c)	÷ 100	10^{-2}
milli (m)	÷ 1 000	10^{-3}
micro (µ)	÷ 1 000 000	10^{-6}
nano (n)	÷ 1 000 000 000	10^{-9}
pico (p)	÷ 1 000 000 000 000	10^{-12}

Inch, foot et acre

Les unités de mesure utilisées aux États-Unis et au Royaume-Uni diffèrent de celles du système métrique (S.I.). Ce tableau présente les principales unités du système métrique, et leurs équivalences dans le système de mesure anglo-américain.

Un kilogramme (kg) équivaut à 2,2 pounds anglaises.

Unités du système métrique	Équivalent R.-U.-USA
Longueur	
1 centimètre (cm)	1 inch = 25,4 mm
1 mètre (m)	1 foot = 0,3048 m
1 kilomètre (km)	1 mile = 1,609 km
Surface	
1 centimètre carré (cm^2)	square inch
1 mètre carré (m^2)	square feet
1 hectare (ha)	acre
1 kilomètre carré (km^2)	square mile
Volume	
1 centimètre cube (cm^3)	~
1 litre (l)	1 pint (R.U.) = 0,568 l 1 pint (USA) = 0,473 l 1 gallon (R.U.) = 4,546 l 1 gallon (USA) =3,785 l
Masse	
1 gramme	1 ounce = 28,349 g
1 kilogramme	1 pound = 453,592 g
1 tonne (t)	~

Conversions de températures

- Conversion des degrés C en degrés F : multiplier par 9, diviser par 5, ajouter 32.
- Conversion des degrés F en degrés C : soustraire 32, diviser par 9 et multiplier par 5.
- Conversion des degrés C en Kelvin : ajouter 273,15
- Conversion des degrés K en degrés C : soustraire 273,15

Système binaire

Le système décimal permet d'écrire n'importe quel nombre en utilisant dix chiffres. Les ordinateurs utilisent le système binaire, qui n'utilise que les chiffres 1 et 0, et dans lequel un nombre est décomposé en sommes de puissances de 2 (ex : 10 = 0 x 20 + 1 x 21 + 0 x 22 + 1 x 23).

Binaire				Décimal	
1	0	1	0	1	0
1	0	0	1		9
1	0	0	0		8
	1	1	1		7
	1	1	0		6
	1	0	1		5
	1	0	0		4
		1	1		3
		1	0		2
			1		1
			0		0

Glossaire

Acide
Composé produisant des ions hydronium lorsqu'il est dissous dans l'eau.
Aimantation
Transmission du caractère magnétique d'un objet vers un objet non magnétique.
Alcali
Base soluble dans l'eau (alcalin : qui a les propriétés d'une base).
Amplitude
Élongation maximale d'une onde ou d'une vibration.
Anode
Électrode chargée positivement.
Atome
La plus petite partie d'un élément.
Base
Composé dont la réaction avec un acide produit de l'eau et un sel.
Catalyseur
Substance capable d'accélérer une réaction chimique sans subir elle-même d'altération.
Cathode
Électrode chargée négativement.
Chaleur latente
Quantité de chaleur nécessaire pour qu'une substance change d'état tout en conservant une température constante.
Champ électrique
Portion de l'espace où s'exercent les forces générées par un objet chargé électriquement.
Champ magnétique
Portion de l'espace où s'exercent les forces générées par un objet magnétique.
Circuit électrique
Cheminement contrôlé d'un flux électrique.
Circuit intégré
"Pastille" de matériau semi-conducteur contenant des milliers de composants électroniques.
Composante
Une des deux ou plusieurs forces qui, combinées, produisent une force résultante.
Composé
Substance constituée d'atomes de deux ou plusieurs éléments associés par des liaisons chimiques.
Condensation
Transformation d'un gaz en liquide.
Conducteur
Substance pouvant être traversée par un flux thermique ou électrique.
Conduction
Transmission de chaleur par contact.
Convection
Transmission de chaleur par le mouvement d'un liquide ou d'un gaz.
Courant électrique
Passage d'un flux d'ions ou d'électrons à travers une substance.
Cristal
Solide de forme géométrique formé par la disposition particulière de ses constituants (atomes, ions ou molécules).
Demi-vie
(ou période radioactive) Temps nécessaire à la désintégration de la moitié des atomes d'une substance radioactive.

Diffraction
Modification de la direction de propagation d'une onde, lorsqu'elle traverse une ouverture.
Distillation
Décomposition d'un mélange de liquides par vaporisation et condensation des gaz obtenus.
Électricité
Énergie produite par une perte, un gain ou un mouvement d'électrons.
Électricité statique
Phénomènes d'électrisation provoqués par le frottement ou le contact de deux substances.
Électrode
Pièce de métal ou de carbone qui reçoit ou produit des électrons dans un dispositif électrochimique.
Électrolyse
Décomposition chimique d'une substance sous l'effet d'un courant électrique.
Électrolyte
Substance qui permet le passage d'un courant électrique lorsqu'elle est à l'état liquide.
Électromagnétisme
Ensemble des phénomènes liés à l'interaction de champs électriques et magnétiques.
Électron
Particule de charge négative, constitutive d'un atome et tournant autour de son noyau.
Électronique
Ensemble des techniques reposant sur la conduction électrique dans le vide, les gaz et les semi-conducteurs.
Élément
Substance indécomposable dont la structure est monoatomique.
Énergie
Capacité d'un corps ou d'un système à effectuer un travail.
Énergie cinétique
Énergie d'un objet en mouvement.
Évaporation
Passage partiel d'un liquide à l'état gazeux.
Fission nucléaire
Division d'un noyau atomique lourd en deux noyaux plus légers, occasionnant une importante libération d'énergie.
Force
Cause quelconque pouvant provoquer la déformation ou le mouvement d'un objet.
Force de frottement
Force qui s'oppose au glissement de deux corps en contact dont l'un, au moins, est en mouvement.
Force électromotrice
(ou tension à vide) Tension existant entre les bornes d'un générateur non relié à un circuit électrique.
Fréquence
Nombre de cycles de variations par seconde d'une onde oscillatoire.
Fusion nucléaire
Réunion de plusieurs noyaux atomiques légers en un noyau atomique lourd, occasionnant une importante libération d'énergie.
Générateur
Appareil capable de transformer l'énergie cinétique en électricité. Également, dispositif

produisant un courant continu.

Gravitation
Force d'attraction universelle s'exerçant entre tous les corps.

Inertie
Incapacité des corps à modifier par eux-mêmes l'état d'immobilité ou de mouvement dans lequel ils se trouvent.

Ion
Atome chargé électriquement à la suite d'une perte ou d'un gain d'électrons.

Isolant
Substance qui s'oppose au passage d'un flux thermique ou électrique.

Isotopes
Atomes dont les noyaux possèdent le même nombre de protons, mais un nombre différent de neutrons.

Liaisons chimiques
Forces attractives reliant entre eux les atomes, les ions et les molécules.

Longueur d'onde
Distance entre deux points consécutifs d'une onde se propageant en ligne droite.

Lumière
Rayonnements électromagnétiques visibles.

Magnétisme
Forces d'attraction et de répulsion s'exerçant entre des objets magnétiques.

Masse
Quantité de matière composant un corps.

Matière
Toute substance occupant un volume et possédant une masse.

Molécule
Groupe de deux ou plusieurs atomes associés par des liaisons chimiques.

Neutron
Particule dépourvue de charge électrique constitutive du noyau d'un atome.

Noyau
Partie centrale d'un atome composée de neutrons et de protons.

Onde sonore
Onde vibratoire véhiculée par la matière.

Oxydation
Réaction chimique au cours de laquelle une substance fixe de l'oxygène et libère de l'hydrogène. Toute réaction chimique au cours de laquelle un atome perd des électrons.

pH
Coefficient mesurant l'acidité ou la basicité d'une solution. L'échelle de pH compte 14 graduations allant de 1 (acide) à 14 (base).

Photon
"Grain" d'énergie constitutif d'un rayonnement électromagnétique, tel que la lumière.

Plasma
État de la matière produit par une libération d'électrons à très haute température.

Point de fusion
Température à laquelle un solide se transforme en liquide.

Point de solidification
Température à laquelle un liquide se transforme en solide.

Point de vaporisation
Température à laquelle

un liquide se transforme en gaz.

Poussée d'Archimède
Force exercée sur un objet plongé dans un liquide.

Puissance
Travail fourni au cours d'une unité de temps.

Pression
Intensité d'une force exercée sur une surface donnée.

Proton
Particule de charge négative, constitutive du noyau d'un atome.

Radioactivité
Émission de rayonnements, produite par la désintégration progressive d'un noyau atomique.

Réaction chimique
Processus au cours duquel deux ou plusieurs substances se combinent entre elles, pour produire une substance nouvelle.

Réduction
Réaction chimique au cours de laquelle une substance absorbe de l'hydrogène et libère de l'oxygène. Toute réaction chimique au cours de laquelle un atome gagne des électrons.

Réflexion
Renvoi d'une onde acoustique, lumineuse ou radioélectrique, par une surface.

Résistance électrique
Capacité d'une substance à s'opposer à un flux électrique.

Résultante
Force unique agissant en une seule direction, déterminée par la combinaison de deux ou plusieurs forces (les composantes) agissant sur un objet.

Sel
Composé formé par la réaction d'un acide avec une base. Nom courant du chlorure de sodium.

Semi-conducteur
Substance dont la conductivité varie avec l'éclairement ou la température.

Solubilité
Capacité d'une substance à se dissoudre dans une autre.

Solution
Mélange dans lequel les "grains" de matière de chaque composant sont uniformément répartis.

Solution colloïdale
Dispersion régulière de grains de matière dans un solide, un liquide ou un gaz.

Sublimation
Passage direct de l'état solide à l'état gazeux (ou inversement).

Tension électrique
(ou différence de potentiel)
Différence entre les forces électromotrices, en deux points d'un circuit électrique.

Travail
Transfert d'énergie ou transformation d'une forme d'énergie en une autre.

Valence
Nombre de liaisons chimiques pouvant être établies par un atome.

Variétés allotropiques
Les différentes structures atomiques d'un même élément.

Index

Remerciements

Photographies :
Philip Dowell ; Colin Keates; Clive Streeter ; Harry Taylor.

Illustrations :
Zirrinia Austin ; Rick Blakely ; Bill Botten ; Peter Bull ; Kyokan G Chen ; Eugene Fleury ; Mark Franklin ; Andrew Green ; Mike Grey ; Nick Hall ; Nick Hewetson ; John Hutchinson ; Stanley Cephas Johnson ; Richard Lewis ; Chris Lyon ; Stuart Mackay ; Kevin Maddison ; Sergio Momo ; Jim Robins ; Colin Salmon ; Peter Serjeant ; Rodney Shackell ; Guy Smith ; Roger Stewart ; Taurus Graphics ; Raymond Turvey ; Richard Ward ; John Woodcock ; Dan Wright.

Crédits photographiques :
h = haut b = bas
c = centre g = gauche d = droite
Bridgeman Art Library/Christie's, London, *Alchemist at Work,* David Teniers (1582-1649) 144-5 ; Paul Brierley 105 hg ; Robert Harding Picture Library/C. Aurness 32-3 ; The Image Bank/Hans Wolf 57 cg ; Kobal Collection/*Garbo Talks,* MGM/UA 103 cg. Oxford Scientific Films/London Scientific Films 16 bd ; Pictor International : 44 d, 68-9, 94-5, 110-1. Science Photo Library/Alex Bartel 31 hg, 43 hd ; James King-Holmes 139 bd ; Patrice Loiez/CERN 21 cg ; Lawrence Migdale 139 cg ; NASA 35 hd ; David Nunuk 120-1 ; David Parker 67 cd, 139 hd, 143 bd ; Royal Observatory, Edinburgh/AATB 10-11 ; Simon Terrey 13 c ; U.S. Navy 93 b ; Sporting Pictures (UK) Ltd. 75 h ; Tony Stone Images/John Lund 40 hg ; ZEFA : 48-9, 65 cg, 91 cg.

Pour la version française :
Traduction :
Thomas Guidicelli

Adaptation OCTAVO Éditions :
Bernadette Bouvattier (édition)
Barbara Kekus, Sophie Pujols (mise en page)